现代农业产业技术体系建设专项（CARS‐16‐E13）
中国农业科学院科技创新工程项目（CAAS‐ASTIP‐IBFC） 经费资助

纤籽兼用亚麻
栽培技术与综合利用

Cultivation and Comprehensive Utilization of
Flax for Both Fiber and Seed

邱财生　王玉富　等　著

中国农业科学技术出版社

图书在版编目(CIP)数据

纤籽兼用亚麻栽培技术与综合利用 / 邱财生等著. 北京：中国农业科学技术出版社，2025.1. --ISBN 978-7-5116-7290-2

Ⅰ.S563.2

中国国家版本馆 CIP 数据核字第 2025G21463 号

责任编辑　于建慧
责任校对　李向荣
责任印制　姜义伟　王思文

出 版 者	中国农业科学技术出版社
	北京市中关村南大街 12 号　　邮编：100081
电　　话	（010）82109708（编辑室）　　（010）82106624（发行部）
	（010）82109709（读者服务部）
网　　址	https://castp.caas.cn
经 销 者	各地新华书店
印 刷 者	北京中科印刷有限公司
开　　本	148 mm×210 mm　1/32
印　　张	6
字　　数	152 千字
版　　次	2025 年 1 月第 1 版　2025 年 1 月第 1 次印刷
定　　价	50.00 元

◆版权所有·翻印必究◆

《纤籽兼用亚麻栽培技术与综合利用》
著者名单

主　著　邱财生　王玉富
副主著　邱化蛟　孙中义　龙松华　程超华
参著人员（以姓氏笔画为序）
　　　　　马少斌　王晓楠　牛　艳
　　　　　卡米尔·科斯廷（波兰）　朱　炫
　　　　　朱增芳　乔海明　邬腊梅　刘丽荣
　　　　　刘翠翠　守合热提·牙地卡尔
　　　　　安娜·库尔马（波兰）　玛尔塔·普赖斯纳（波兰）
　　　　　苏　军　李永华　李亚芝　李建永
　　　　　李爱荣　吴广文　吴智敏　何淑萍
　　　　　何雪晴　宋喜霞　张　正　张　彬
　　　　　张　斌　张丽丽　张晓平　阿里别里根·哈孜太
　　　　　阿莉娅·拜捷列诺娃（哈萨克斯坦）
　　　　　陈晓艳　郁崇文
　　　　　拉希娅·叶尔纳扎尔基（哈萨克斯坦）
　　　　　赵信林　赵德胜　郝冬梅　哈尼帕·哈再斯
　　　　　姜卫东　祖勒胡玛尔·乌斯满江　姚丹丹
　　　　　袁红梅　郭　媛　曹秀霞　康庆华
　　　　　康晓娟　缪纯庆

List of Authors

Lead authors: Qiu Cai Sheng   Wang Yu Fu
Associate leadauthors: Qiu Hua jiao   Sun Zhong Yi
　　　　　　　　　　　Long Song Hua   Cheng Chao Hua
Authors (The following list is arranged in alphabetical order in English):

Alibieligen Hazitai   Aliya Baitelenova (Kazakhstan)
Anna Kulma (Poland)   Cao Xiu Xia   Chen Xiao Yan
Guo Yuan   Hanipa Hazaisi   Hao Dong Mei   He Shu Ping
He Xue Qing   Jiang Wei Dong   Kamil Kostyn (Poland)
Kang Qing Hua   Kang Xiao Juan   Li Ai Rong   Li Jiang Yong
Li Yong Hua   Li Ya Zhi   Liu Cui Cui   Liu Li Rong
Ma Shao Bin   Marta Preisner (Poland)   Miao Chun Qing
Niu Yan   Qiao Hai Ming   Rakhiya Yelnazarky (Kazakhstan)
Shouhereti Yadikar   Song Xi Xia   Su Jun   Wang Xiao Nan
Wu Guang Wen   Wu La Mei   Wu Zhi Min   Yao Dan Dan
Yuang Hong Mei   Yu Chong Wen   Zhang Bin (M)
Zhang Bin (W)   Zhang Li Li   Zhang Xiao Ping   Zhang Zheng
Zhao De Sheng   Zhao Xin Lin   Zhu Xuan   Zhu Zeng Fang
Zulehuma Osimanjiang

前 言

亚麻（*Linum usitatissimum* L.）为亚麻科亚麻属一年生或秋播越年生草本植物，是重要的纤维作物、油料作物，因其植株整齐、花色明丽，近年来也作为景观植物用于观赏。2008年，国家麻类产业技术体系建立，涵盖育种功能研究室、病虫害防控功能室、栽培与土壤营养功能研究室、产后处理与加工研究室、设施设备功能研究室和产业经济功能研究室及多个试验站，以聚焦培育和发展麻类产业新质生产力的主线，紧紧围绕助力粮食安全与重要农产品有效供给、推动麻类全产业链绿色转型、服务县域经济发展、强化产业基础支撑等重点任务，取得了一系列重要成果。例如20世纪曾经推广的油纤兼用亚麻品种都是从油用亚麻品种筛选出来的，出麻率比较低，而近年推出的纤籽兼用亚麻品种出麻率明显高于油用亚麻及油纤兼用亚麻，甚至与纤维亚麻相仿，达到25%~33%，并且千粒重5~9g，含油率35%~45%，木酚素或亚麻胶含量较高，因此可以进行多用途利用，也更加符合当代市场需求，其种植和相关产业具有良好的发展前景。

本书主要介绍了纤籽兼用亚麻的生物学特性、优质高产栽培技术，也介绍了纤籽兼用亚麻在纺织、造纸、纤维膜、复合材料、活性炭、栽培基质、饲料，以及提取食用油、亚麻胶、木酚素、α-亚麻酸、蛋白质、亚麻肽等方面的发展现状和应用趋势，希望以此助力我国纤籽兼用亚麻产业的发展。

本书撰写过程中得到了国家麻类产业技术体系首席、亚麻品种改良岗位、杂草与综合防控岗位、纤维性能改良岗位、大理工业大麻亚麻试验站、哈尔滨麻类综合试验站、伊犁亚麻试验站、宁夏君星坊食品科技有限公司等有关单位领导及专家的支持,在此一并表示衷心的感谢!

著 者

2024 年 10 月 25 日

The Foreword

The flax (*Linum usitatissimum* L.) is an important fiber and oil crop in China, and it can also be used for ornamental purposes. With the improvement of people's living standards and the progress of science and technology, the demand for flax short fiber and flaxseeds has increased sharply, bringing an opportunity for the cultivation of dual-purpose flax. The China Agriculture Research System (CARS) for Bast and Leaf Fibers has always attached great importance to the industrial development of flax. Although the CARS for Bast and Leaf Fibers focuses on the research and application of fibers, it also attaches great importance to the multi-purpose utilization of bast and leaf fibers crops. Therefore, the flax varieties for both fiber and seed production were bred in recent years. Their fiber yield is similar to that of fiber flax, reaching 25% - 33%. The oil content is 35% - 45%, and the highest lignan content is more than 1%. These varieties can be better used to develop multi-functional products and achieve multi-purpose utilization. Flax for both fiber and seed production is more suitable for the contemporary market demand, and its cultivation and related industries have good development prospects.

This book will introduce the growth and development process related to flax cultivation, the high-quality and high-yield cultivation of flax for both fiber and seed production, and it will also cover the chemical components and functions of flax seeds, stems, leaves and roots, as well as the utilization of dual-purpose flax in various fields such as textiles, paper making, fiber film, composite materials, activated carbon, cultivation substrates, edible oils, flax pectin, lignans, α-linolenic acid, proteins, flax peptides, and feeds. The aim is to assist China in developing the industry of flax for both fiber and seed production, increase farmers' income, and bring benefits to humanity!

  The writing of the book received support from the chief expert of the CARS for Bast and Leaf Fibers, the Flax Variety Improvement Team, the Weed and Integrated Prevention and Control Team, the Fiber Performance Improvement Team, the Dali Industrial Hemp and Flax Experimental Station, the Harbin Bast Fiber Comprehensive Experimental Station, the Yili Flax Experimental Station, and Ningxia Junxingfang Food Technology Co., Ltd. We would like to express our sincere gratitude to all of them here!

Authors
January, 2025

目 录
CONTENTS

第一章　概　述 ·· 1
　第一节　亚麻及其分类 ································· 1
　第二节　世界亚麻分布 ································· 7
　第三节　我国亚麻栽培与利用历史 ·················· 10
　第四节　我国亚麻生产的现状 ························ 16
　第五节　我国亚麻产业创新发展与对策 ············· 23

第二章　亚麻生长发育 ···································· 31
　第一节　纤维的发育 ··································· 31
　第二节　影响亚麻生长发育的环境条件 ············· 36
　第三节　种子的发育 ··································· 39

第三章　纤籽兼用亚麻的优质高产栽培 ··············· 45
　第一节　选地整地 ······································ 45
　第二节　施肥 ·· 48
　第三节　播前准备 ······································ 51
　第四节　播种 ·· 57
　第五节　田间管理 ······································ 61
　第六节　收获 ·· 75

第四章　亚麻的化学成分及其功能 ····················· 79
　第一节　种子的化学成分及其功能 ·················· 79
　第二节　根茎叶的活性成分及其功能 ··············· 96

第五章　兼用亚麻茎的综合利用 ……………………………… 102
第一节　纺织利用 …………………………………………… 102
第二节　造纸 ………………………………………………… 110
第三节　纤维膜 ……………………………………………… 117
第四节　复合材料及其应用 ………………………………… 120
第五节　活性炭及其应用 …………………………………… 126
第六节　栽培基质 …………………………………………… 132

第六章　亚麻种子的综合利用 …………………………………… 139
第一节　亚麻油 ……………………………………………… 139
第二节　亚麻胶 ……………………………………………… 143
第三节　木酚素 ……………………………………………… 148
第四节　亚麻酸 ……………………………………………… 152
第五节　蛋白质 ……………………………………………… 157
第六节　亚麻肽 ……………………………………………… 163
第七节　亚麻芽菜 …………………………………………… 166
第八节　饲料 ………………………………………………… 172

主要参考文献 ……………………………………………………… 177

第一章

概 述

第一节 亚麻及其分类

一、亚麻

亚麻（*Linum usitatissimum* L.）是亚麻科亚麻属一年生或秋播越年生草本植物。染色体 $2n=30$ 或 32。亚麻茎为不规则叉状分枝。单叶，全缘，无柄，对生、互生或散生，1 脉或 3~5 脉，上部叶缘有时具腺毛。聚伞花序或蝎尾状聚伞花序；花数 5；萼片全缘或边缘具腺毛；花瓣长于萼，红色、白色、蓝色或黄色，基部具爪，早落；雄蕊 5，少数 6，与花瓣互生，花丝基部合生，下部加粗成环状，里面有齿状退化雄蕊；子房 5 室（或为假隔膜分为 10 室），每室具 2 胚珠；花柱 5。蒴果卵球形或球形，开裂，果瓣 10，通常具喙。种子扁平，具光泽。

亚麻是重要的纤维及油料作物，种植的主要目的是收获纤维和种子，也可用于观赏。亚麻可能是人类所知的最古老的纤维作物。亚麻的起源尚不确定，一般认为有 4 个起源中心，即地中海、外高加索、波斯湾和中国。有关亚麻的种植和使用历史说法不一，Kvavadze 等（2009）通过考古发掘的纤维研究认为野生亚麻的纤维在格鲁吉亚 30 000 年前就已经被利用。大约 9 000 年前，土耳其东南部的卡约努首次记录亚麻的使用。伊斯坦布尔大学的 Halet Cambel 和芝加哥大学的 Robert Braidwood 发现了显示出驯化迹象的亚麻籽和一块包裹在弯曲骨镰刀上的钙化亚麻。叙利亚、伊朗和保加利亚分别发现了中石器时代可追溯到公元前 8000 年和公元前 7500 年的亚麻籽（Cullis，2007）。亚麻在埃及和撒马利亚已经种植了 6 000~8 000 年。从近东到欧洲的亚麻分布有很好的记录（Zohary and Hopf，2000）。西欧（荷兰、法国北部、比利时和瑞士）的亚麻种植始于公元前 5000 年至公元前 3000 年，当时源自中东的神学院院长定居在佛兰德斯并引入亚麻种植（Vromans，2006）。亚麻属于近东开始农业的第一批作物，因为种子大小的逐渐增加表明早在公元前 6000 年，近东就开始种植亚麻（Fuller et al.，2004）。在中国，亚麻已经种植了 5 000 多年。

亚麻纤维是人类最早使用的天然植物纤维之一，已有近万年的历史。据考古证据/文献记载希腊人和罗马人最早从埃及引入亚麻，然后从罗马传播到西欧，从希腊传播到东欧。这种一年生亚麻似乎是由芬兰人引入欧洲北部的（De Candolle，1890）。北美大陆上的亚麻可以追溯到近 400 年前的 1617 年，当时加拿大农民将其带到了新法国。随着时间的推移，亚麻产量在欧洲大陆扩张并向最快的方向发展。公元前 1400 年埃及人将亚麻籽油用作防腐剂，将亚麻布用于木乃伊的制作，亚麻布是埃及人衣服的主要面料。公元 800 年的罗马帝国时代，查理曼大帝命令国民种植亚麻籽。1800 年工业革命开始，铺地板用的亚麻布在英国获得了专利。到 1875 年，欧洲定居者开始用从家乡带来的亚麻在西部大草原上播种。亚麻在新的土地上蓬勃发展，产量也有了很大的提高。有证据表明，亚麻一直是一种多功能作物，其纤维用于布料和多种用途的种子，包括灯用油，作为人类和动物营养的食物来源，以及药用（Cullis，2007）。

亚麻的拉丁文名称 *Linum usitatissimum* 恰当地描述了亚麻的实

用性和多功能性，其中，*Linum* 的名字来源于凯尔特语中的 lin，即"线"的意思，*usitatissimum* 的名字是拉丁语"多用途、最有用"的意思。说明亚麻有史以来就不仅用于纱线，而是用途广泛的多用途作物。

首先，亚麻纤维（图 1-1）主要用于纺织。亚麻纤维有"天然纤维皇后"之美誉，亚麻纤维的主要优点是透气、散热、防静电、防紫外线、阻燃、抗过敏（何伟坚，2019），其天然、低碳、环保等品质引领人们走进健康的生活，回归绿色自然的世界。亚麻纺织品高贵、耐用、经久不衰，所以亚麻的第一大用途就是纺织、服装、家居。亚麻纤维的天然纺锤形结构及其独特的果胶斜向结构，使其具有吸湿、散热、透气等优异特性，其绿色、自然的品质和跨越千年的文化，使亚麻纤维的应用并不局限于服装。亚麻纤维复合材料具有优异的力学性能，甚至可以取代玻璃纤维、碳纤维和其他类型的复合材料，近年来亚麻纤维复合物的研究和应用蓬勃发展。随着节能减排以及兼顾轻盈、安全和舒适成为汽车行业的主要发展趋势，亚麻纤维复合材料已经能够取代塑料，目前在汽车行业占据近一半的市场份额。亚麻纤维增强热塑性复合材料不仅具有优异的机械性能，而且它们也是可再生的、可生物降解的、环保的，生产过程排放更少的二氧化碳，符合节能减排原则。此外，亚麻纤维增强复合材料密度低，比刚度、强度高，成型工艺性能好，材料性能可定制，抗疲劳性能好，减振能力强，热稳定性强，通过各种工艺生产的亚麻纤维复合材料在汽车、飞机、建筑、地质工程、交通运输等行业得到了广泛应用。近些年，亚麻纤维用于高档复合材料的应用发展迅猛，前景广阔。

其次，亚麻籽也有广泛的用途。亚麻籽的含油量为 30%～45%，亚麻籽油中的 α-亚麻酸含量高达 62%。α-亚麻酸是人体不能合成的必需脂肪酸，对改善人们膳食脂肪酸的组成、维护人体健康具有重要作用。亚麻籽油富含 α-亚麻酸，所以也是一种很好的

图1-1 亚麻纤维和纱线

保健用油。亚麻籽油还富含维生素E、黄酮类等活性物质，是一种高端食用油。亚麻籽还富含亚麻籽胶、蛋白质、膳食纤维、抗氧化肽、木酚素等功能活性成分。因此，亚麻籽被认为是一种营养价值高的功能性食品，具有抗氧化、抗炎、抗癌、降血压和预防心血管疾病的作用。亚麻籽可以制成亚麻籽乳食用。

再次，亚麻还具有药用价值。《本草纲目》中记载："亚麻，补五脏、益气力、长肌肉、填脑髓、去肥脂、节酸碱、润燥、祛风；治皮肤瘙痒、麻风、眩晕和便秘"，亚麻药用也承载着丰富的文化传承。亚麻籽油中含有的α-亚麻酸、植物甾醇和生育酚等多种活性物质，在预防和治疗糖尿病、心血管疾病、神经系统性疾病以及提高免疫力、抗氧化等方面具有一定的潜力（赖玉萍，2022）。木酚素是目前生物活性最好的植物雌激素，亚麻籽中的木酚素是所有植物中含量最高的，是其他植物的75～800倍。亚麻木酚素对雌激素依赖性疾病乳腺癌、前列腺癌、经期综合征、骨质疏松有预防作用。临床研究显示，亚麻木酚素对糖尿病、胃肠肿瘤、冠心病、肾脏病、抗氧化都有有益的作用。木酚素能双向调节体内雌激素水平，能有效缓解更年期综合征，抑制肿瘤细胞活性，抗氧化，延缓衰老。2024年最新研究表明，亚麻籽膳食粉用于腹膜透析患者，可增强对营养不良及微炎症状态的改善效果（谢赛，2024），亚麻籽物质在维持肠道微生物组健康组成、预防和管理多种疾病方面都有作用（Mueed，2022）。此外，亚麻籽（油）还可作为一种优质的油脂或蛋白质饲料，具有抗氧化、提高畜禽生产性能、改善畜禽产品品质、提高畜禽机体免疫力等功能（孙海娟，2022）。

近年来，亚麻的新用途引起了全球工业界的广泛关注。例如亚麻木酚素在制药工业中具有巨大的潜力，许多研究已经证明其作为抗氧化剂、抗肿瘤、抗心血管疾病以及预防骨质疏松症和糖尿病的有效性（Li et al., 2024）。

因此，亚麻是一种重要的多用途工业作物，亚麻的栽培、育种、产品开发等工作应重点关注这些新用途。

二、分类

按用途不同可以将亚麻分为纤维亚麻、油用亚麻、纤籽兼用亚麻（图1-2）。油用亚麻俗称胡麻或油麻，但是这里所说的胡麻与植物学分类中的胡麻科的胡麻是完全不同的两种植物。

（一）纤维亚麻

种植纤维亚麻以收纤维为主，同等条件下种子产量低于油用类型。纤维亚麻茎细长，绿色，茎秆表面光滑，并附有蜡质，茎上着生稀疏或稠密的叶片。株高70~120 cm，工艺成熟期黄色，茎粗平均在1.5 mm，密植时无分茎，纤维含量为20%~35%；分枝4~5个，蒴果5~8个，千粒重4~5g。花蓝色、白色、浅粉色、玫瑰

图1-2 亚麻分类

1. 纤维亚麻 2. 兼用亚麻 3. 油用亚麻

色,生产上应用的大部分品种的花为蓝色。种皮褐色、浅褐色、乳白色等,生产上应用的大部分品种的种皮为褐色。纤用亚麻在密植情况下,分枝比较少,一般有4~5个分枝;稀植时,茎粗而多分枝。密度稀或氮肥过多,则麻茎粗,分枝多,木质部发达,纤维束排列松散,出麻率低。

黑龙江、新疆等省(区)春季4—5月播种;云南、湖南、湖北、浙江等省10—11月播种。黑龙江、吉林等省生育期为70~90 d,新疆、山西等省(区)生育期为90~100 d,云南、湖南、湖北、浙江等省生育期为130~180 d。

(二)油用亚麻

油用亚麻以收获种子为主,株高比较矮,一般株高为40~60 cm,茎粗3 mm左右,茎中也含有纤维,但是含量比较低。油用亚麻生育期 90~120 d，分茎较多，分枝性很强，分枝发达，每株蒴果数 10~30 个，最多可达 100 多个。种子千粒重比较大，一般在 6~10 g，含油率 38%~46%。

油用亚麻主要在我国西北的甘肃、新疆、宁夏和华北的内蒙古、山西、河北等地种植，生育期 100 d 左右。花蓝色或白色。种皮褐色、浅褐色、乳白色等。亩产亚麻籽 80~100 kg，每年种植 400 万~500 万亩（1 亩≈667m²。全书同）。

（三）纤籽兼用亚麻

株高介于纤维和油用之间，一般为 50~90 cm，有时有分茎，花序比纤维亚麻发达，单株蒴果较多。株高、分枝等特征居于纤维亚麻和油用亚麻中间，栽培目的是纤维和种子兼顾。种子产量及千粒重均高于纤维亚麻；出麻率明显高于油用亚麻，与纤维亚麻相仿，达到 25%~33%；千粒重 5~9 g，含油率 35%~45%，木酚素含量高达到 1% 以上，可以更好地开发多功能产品，进行多用途利用。我国西北、华北有栽培，亚麻主产区都可以种植。花蓝色、白色等。种皮褐色、浅褐色、乳白色等。

第二节　世界亚麻分布

一、纤维亚麻的分布

纤维亚麻的最佳生长条件是年降水量为 600~650 mm，植被期降水量为 110~150 mm。纤维亚麻是一种适合温和气候的植物，对干旱的抵抗力较弱，在纤维亚麻品种中最耐旱的是晚熟品种，其特征是植被早期生长速度较慢。纤维亚麻需要适度的温度（18~20℃）和适度的日照，以确保最佳产量（Agosti et al., 2005）。油用亚麻更能抵抗干旱，喜欢阳光充足和温暖的天气条件（Casa at al.，1999；O'Connor et al.，1994）。纤维亚麻主要分布在 20 多个国家，包括苏联、法国、中国、比利时、白俄罗斯、俄罗斯、波兰、荷兰、捷克共和国、英国、乌克兰、保加利亚、埃及、爱沙尼亚、芬兰、德国、拉脱维亚、葡萄牙、瑞典和爱尔兰。根据联合国粮食及农业组织的数据，从 1961 年到 2022 年，全球纤维亚麻的年均种植面积为 973 434 hm²，种植面积从 1961 年的 2 041 125 hm² 减少到 2022 年的 256 540.5 hm²（图 1-3）。种植面积明显减少，但由于新品种的开发、种植技术的改进和生产水平的提高，世界亚麻的原茎或干茎产量没有明显下降，2022 年产量为 875 994.92 t，比 1961 年增加了 179 415.92 t。尽管 2022 年的种植面积仅为 1961 年的 12.6%，但产量却高出 125.8%，因单产大幅增加，从 1961 年的 341.3kg 增加到 2022 年的 3 414.6kg。科技进步是提高亚麻产量的关键因素。近年来对天然环保产品的需求不断增长，纤维亚麻的用途也在扩大。

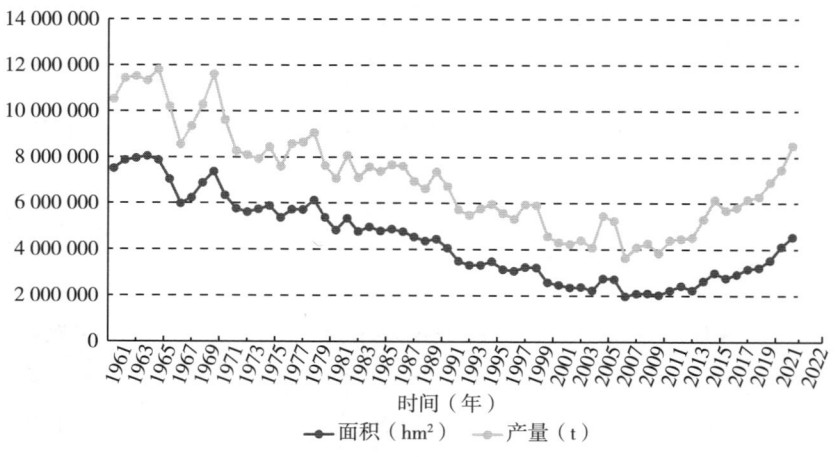

图 1-3　1961—2022 年全球纤维亚麻种植面积和产量

注：数据来源于联合国粮农组织统计数据库。

二、油用亚麻的分布

油用亚麻在世界范围内种植较为广泛，但从1961年到2007年，其种植面积和产量一直在下降。1964年，油用亚麻最大种植面积达到8 049 735 hm²，亚麻籽产量为3 276 909 t。到2007年，油用亚麻最大播种面积减少到1 977 659 hm²，亚麻籽产量为1 658 238 t（图1-4）。

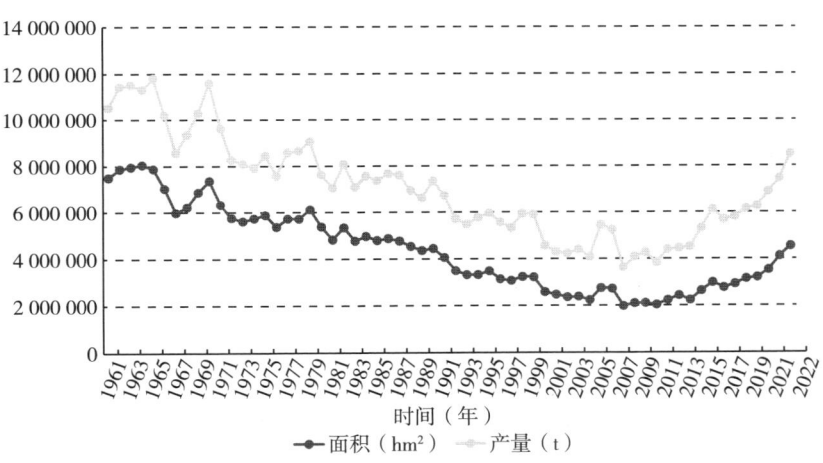

图1-4　1961年至2021年全球油用亚麻种植面积和产量

注：数据来源于联合国粮农组织统计数据库。

种植面积减少的主要原因是这一时期亚麻籽主要用于食用油，但产量相对较低，平均只有600 kg/hm²左右，因此种植积极性不高。然而，在过去的十多年里，人们的健康意识逐渐增强，亚麻籽的健康功能得到了认可。亚麻籽油及相关产品的消费量逐渐增加。到2022年，油用亚麻种植面积达到4 533 187 hm²，亚麻籽产量达到3 973 931.78 t，超过1964年的产量，产量翻了1番多，单产也显著增加，从1961年的401.6 kg/hm²增加到2022年的876.6 kg/hm²（FAOSTAT，2024）。这一增长可归因于新品种、新技术和生产力的进步。

第三节 我国亚麻栽培与利用历史

一、油用亚麻

中国是亚麻栽培历史较长的国家，油用亚麻（俗称胡麻）在中国已经种植了几千年。20世纪80年代，我国油用亚麻生产发展迅速，面积由70年代的800多万亩增加到1 200多万亩（陈鸿山，1994）。联合国粮食及农业组织数据显示（图1-5），我国1961年油用亚麻种植面积是35 000 hm²，1994年种植面积最大667 830 hm²，2022年种植面积225 000 hm²，其产量分别是20 000 t、511 400 t、290 000 t。1961—2022年亚麻籽平均产量895.3 kg/hm²，2018年最高平均单产为1 311.8 kg/hm²。

我国油用亚麻的主要种植区域为甘肃、新疆、内蒙古、河北、山西、宁夏、青海等省（区）。

我国目前为世界第二大亚麻籽进口国，贸易量占世界总量的近1/4。2013年以前，我国亚麻籽近99%来自加拿大，极少量来自俄罗斯、美国和新西兰。2014—2015年，我国仅从加拿大和美国进口亚麻籽，2016年恢复从俄罗斯进口，并且进口量创下新高，占我国进口总量的7.4%，自加拿大进口的亚麻籽占比降至90.6%。2017年我国自俄罗斯进口亚麻籽数量进一步增加，进口量占我国进口总量的比例增加至15%，进口来源结构多元化的趋势特征更加明显。2018年我国进口亚麻籽39.8万t、亚麻籽油4.2万t，2019年我国进口亚麻籽达到42.7万t、亚麻籽油5.1万t。由此可见，我国市场对于亚麻籽原料及亚麻籽油需求量逐年增长，如何扩大我国亚麻籽种植面积或提高亚麻籽单产水平，提高亚麻籽油产量显得尤为重要。

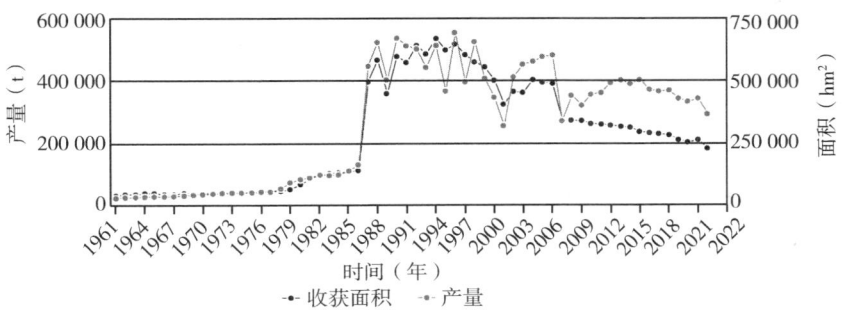

图1-5 中国历年油用亚麻面积及产量

二、纤维亚麻

我国现代纤维亚麻的种植从1906年开始试种,满清政府奉天农事试验场开始在辽宁金州、熊岳、辽阳,吉林公主岭、长春、吉林、农安,黑龙江海林、一面坡、哈尔滨、双城、海伦、齐齐哈尔等地进行试种,取得了很好的效果。1936年,纤维亚麻的生产在黑龙江、吉林两省形成了一定的生产规模,此后纤维亚麻种植面积逐年上升。20世纪40年代,全国纤维亚麻种植面积2万hm^2,主要分布在黑龙江省。1950—1954年,亚麻被粗放种植,平均每公顷产量1.24 t,50年代后期,黑龙江省开始种植自己培育的华光1号品种,单产有所提高。1955—1959年,平均产量达1.73 t/hm^2,到60年代中后期,从苏联引进高产品种л-1120,使得单产大幅提高。1968年产量均超过2.25 t/hm^2,是新中国成立初期的2倍多。70年代受国际亚麻热影响,在黑龙江先后建立了明水、方正和肇州3个亚麻原料厂,与此同时,乡镇亚麻原料厂也纷纷发展起来。到70年代末期,全省种植亚麻市(县)41个,13家国营亚麻原料厂,乡镇亚麻原料厂142家(吴广文,2014)。

改革开放以来,由于创汇的需求,亚麻纤维产品出口的拉动我国纤维亚麻种植面积迅速上升，并居世界前列。进入20世纪80年代，纤维亚麻种植业出现了快速增长局面。1986—1989年，在黑龙江相继建成了克东、依安、宝清、甘南、北安、桦南、孙吴的亚麻原料厂和克山第二亚麻原料厂，使国营原料厂达到21家，也相继培育出了一系列高产纤维亚麻品种，如黑亚8~20号等，同时，从国外引进了高麻率、抗倒伏品种。纤维亚麻种植大省黑龙江在2001年种植面积达到最高峰，2002—2003年属于正常波动。80年代纤维亚麻引入新疆，1985年试种，1986年种植1 600 hm²。90年代引入云南，1993年在云南引试种成功，其后有20多个县种植纤维亚麻，产量已经接近或超过西欧的产量水平。内蒙古在60年代初，开始研究和试种纤维亚麻，但未能推广，1986年再次试种，1988年大田推广"黑亚三号"面积达166.67 hm²，到1994年发展到6 000 hm²，分布于5个盟（市）的7个旗（县）。20世纪20—30年代在湖南省沅江、长宁、浏阳就有种植，此后中断。1995年，中国农业科学院麻类研究所再次从黑龙江引进纤维亚麻在湖南作为冬季作物试种，并取得成功，1998年后在祁阳、常德、岳阳相继建厂，大面积种植。虽然20世纪80年代以后纤维亚麻产区由黑龙江向新疆、内蒙古、吉林、云南、湖南、浙江辐射，亚麻种植面积达13.3万hm²，但年产长麻仅4万~5万t，无法满足亚麻纺织企业8万~10万t长麻的原料需求。1988年我国亚麻种植面积达到第一个高峰，种植面积145 000 hm²（图1-6），一跃成为世界上种植纤维亚麻面积最大的国家。进入21世纪纤维亚麻生产迎来了又一个高峰，即2005年达到第二个高峰，种植面积158 959 hm²，此后纤维亚麻种植面积短暂下降。随着世界经济的复苏和国内外需求的上升，纤维亚麻种植面积迅速回升，亚麻纺织工业得到了较大发展，亚麻纺织对原料的需求增长调动了纤维亚麻种植业的发展积极性，除黑龙江等传统产区种植面积继续扩张，新疆地区有较快发展外，云南等地试种亚麻也有一定成效。

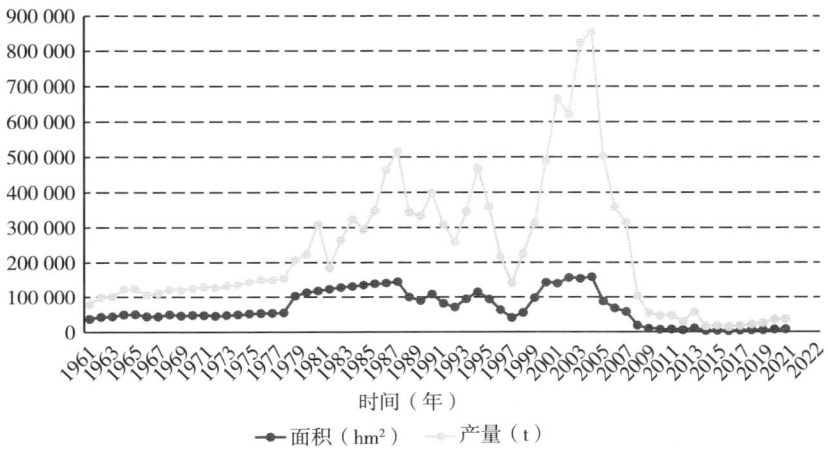

图 1-6　1961—2022 中国纤维亚麻种植面积及产量

由于 2006 年开始亚麻价格持续低迷，种植面积下降，仅有 4.81 万 hm^2，下降幅度较前一年达 41.6%。到 2007 年，种植面积已经缩小到 4.13 万 hm^2，2008 年为 3.64 万 hm^2。种植面积不断下降除了国外市场需求下降导致以外，还有其他许多原因，例如现有原种基地规模小，产出的良种不能满足麻农需求；有的麻农自繁自用，进口种子种植后也出现快速退化现象。近年来，由于全球变暖，黑龙江气候条件发生变化，纤维亚麻收获季节雨水较多，种植纤维亚麻风险变大，亚麻原料收购价格较低，纤维亚麻产量和质量大幅下降。我国成为世界上亚麻种植面积下滑最大的国家，2011—2012 年，种植面积超过 30 000 hm^2，下降了 2/3 以上，平均原茎产量 6 500 kg/hm^2。原茎总产量约 20 万 t，长麻约 2 万 t，短麻约 3 万 t。亚麻纤维已经严重短缺，2012 年，进口纤维约 10 万 t。目前，我国纤维亚麻种植主要分布在新疆、黑龙江等地，云南是我国亚麻原茎单产最高的省份，其原茎单产可以达到 8 000 kg/hm^2，最高的可以达到 12 000 kg/hm^2。其次是新疆，原茎单产

6 500 kg/hm² 左右。产量最低的是黑龙江和湖南,原茎单产为 5 000~6 000 kg/hm²。2017 年,国际金融危机以来,全球纤维亚麻种植面积下降,2021 年,我国纤维亚麻种植面积 6 800 hm²,亚麻纤维已经出现短缺的局面。2022 年,随着疫情的过去,亚麻产业开始复苏,亚麻产品的市场需求逐步恢复,亚麻纤维价格急速回升。我国亚麻纺纱能力约为 70 万锭,全球第一。我国亚麻纤维 90% 以上依赖进口。近两年亚麻长麻价格不断上涨,进口法国长麻价格已经从 2022 年 1 月的 2.2 万元/t 上涨到 2024 年 4 月的 7.5 万元/t。2024 年纤维亚麻种植面积迅速回升,已经达到 20 000 多 hm²。

三、纤籽兼用亚麻

20 世纪 70—80 年代,我国改革开放初期,亚麻纤维及其产品成为我国出口创汇的重要产业,亚麻纤维价格达到了一个相对高位,促进了纤籽兼用亚麻的发展。作为纤维亚麻和油用亚麻的中间类型纤籽兼用亚麻也于 20 世纪 70—80 年代就已经开始种植。甘肃亚麻的集中产区在中部、东部和西部,中东部为黄土高原旱作农业区,温带半湿润半干旱和干旱气候。纤籽兼用亚麻播种面积大,但油籽和茎秆的产量比较低,且年降水量小于 450 mm 的地区,茎秆过低,多不能用于加工纺织用长麻。西部主要分布于河西走廊灌溉区,该区干旱少雨,但有灌溉条件。亚麻播种面积较小,但亚麻籽和茎秆的产量较高。茎秆大部分可用于加工纺织用长麻。1987 年甘肃纤籽兼用亚麻播种面积 277.32 万亩,其中纤籽兼用的集中产区种植面积为 150 万亩,总产原茎约 11.2 万 t,可加工用于纺织用长麻 1 万 t。据调查 30 万亩的河西灌溉区平均亩产油籽 130 kg,籽秆比约 1∶1.75,亩产原茎 227 kg,其中,可用于加工纺织用长麻的原茎占 70%,为 160 kg,全区总产原茎 4.8 万 t,按出长麻 11.5% 计,可产长麻 0.44 万 t,河东旱作区播种面积 120 万亩,可用于加工纺织用长麻的原茎6.4万t，可产长麻0.56万t（万经中，1989）。甘肃河西灌区的亚麻原茎质量较好，也比较稳定。河东旱作区主要受降水量的影响，大致从南到北随降水量的减少原茎质量由优变劣，年降水量>500 mm地区原茎质量最好，为全省之冠，而年降水量小于450 mm的旱作区原茎基本不适宜用于纺织。甘肃纤籽兼用亚麻适宜区原茎工艺长度70%左右集中在450 mm以上，其中，1/5左右为优质原茎，茎粗在1.5~2 mm，或2 mm以上的还占相当比重。含麻率是评价原茎质量的最终标准。原茎的工艺长度、茎粗与含麻率的关系最为密切，原茎工艺长度、茎粗又与结籽关系密切，保持一定的工艺长度和茎粗才能达到纤籽兼用的统一。目前的生产水平以工艺长度500~600 mm、茎粗1.5~2 mm为宜（万经中，1989）。

米君（2002）报道华北和西北是我国纤籽兼用亚麻的主要产区，年种植面积可达66万hm^2左右。张家口坝上地区年种植面积10万hm^2以上，是我国纤籽兼用亚麻主产区之一。

自1986年以来，甘肃从现有品种中筛选出较优良品种应用于生产，同时，列专题开展纤籽兼用亚麻品种选育攻关。甘肃旱作纤籽兼用亚麻产区主要分布在定西、通渭、临洮、庄浪、平凉、镇原等地，其海拔为1 500~2 000 m，年平均气温6~9℃，5—8月日均气温13~22℃，年日照时数2 200~2 500 h，≥10℃积温2 200~2 500 h，年降水量450~600 mm，年相对湿度66%~68%，其中，5—8月为60%~75%；灌区兼用亚麻主要分布在民乐、山丹、永昌等地，其海拔1 750~2 250 m，年均气温5~6℃，5—8月13~20℃，年日照时数2 800~3 000 h，年降水量180~300 mm，≥10℃有效积温2 000~2 500℃。在良好栽培条件下，灌区亩产籽粒130 kg以上、纤维20 kg左右，旱作亩产籽粒60 kg以上、纤维10 kg左右（石仓吉 等，1994）。随后，在甘肃、新疆、河北、黑龙江等地选育出了天亚6号、伊亚2号、坝亚7号、华亚3号等一些纤籽兼用亚麻品种。

第四节 我国亚麻生产的现状

一、近年亚麻种植面积与产量

20世纪90年代，中国的亚麻纺织业迅速发展，亚麻原料企业140余家。每年亚麻播种面积约78万 hm^2，其中纤维亚麻约13万 hm^2，列世界第一位，主要分布在黑龙江、新疆、甘肃、云南、内蒙古、宁夏等地。加入WTO后，我国亚麻纺织加工业迅速发展，亚麻纺织锭数已经由"九五"期间的18万锭增加到2007年的110万锭，亚麻纺织企业200多家。"十五"期间，纤维亚麻产区由黑龙江向新疆、内蒙古、吉林、云南、湖南、浙江辐射，纤维亚麻种植面积达13.3万 hm^2，但年产长麻仅4万~5万t，无法满足亚麻纺织企业8万~10万t长麻的原料需求（王玉富，2007）。2007年世界性经济危机爆发，使得国际上的纺织企业受到相当大的冲击，我国亚麻产业受到很大的影响，目前正处于恢复期。

我国1961—2022年纤维亚麻平均每年种植面积65 687 hm^2，年平均原茎产量160 663 t，单产2 828 kg/hm^2。产量从1988年的（369 000 t）世界第一，跌到2018—2022年的世界第五（图1-7），排在法国、比利时、白俄罗斯、俄罗斯之后，法国总产量遥遥领先。但是，我国近几年纤维亚麻的种植面积呈现逐渐扩大的趋势（图1-8）。纤维亚麻种植区域主要分布在黑龙江、新疆、甘肃等地。

我国2018—2022年油用亚麻平均每年种植面积5 678.5 hm^2，产量21 778.5 t，单产3 829.2 kg/hm^2，排世界第四位（图1-9）。但是，我国近几年油用亚麻的种植面积呈现逐渐下降的趋势（图

1-10），从 2018 年的 279 000 hm² 下降到 2022 年的 22 5000 hm²，下降了 19.36%。油用亚麻种植区域主要分布在甘肃、河北、内蒙古、新疆、山西、宁夏等地。

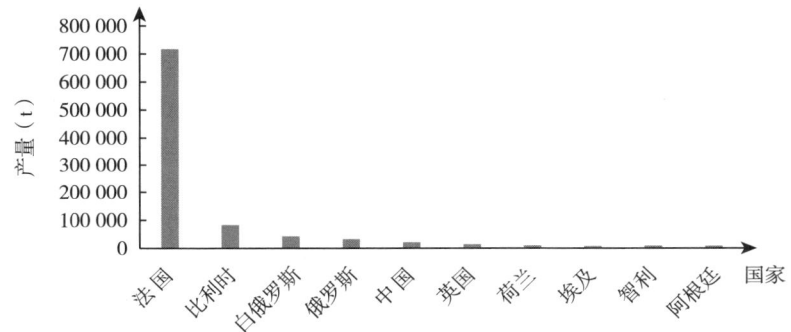

图 1-7　2018—2020 年纤维亚麻平均年产量前十位的国家

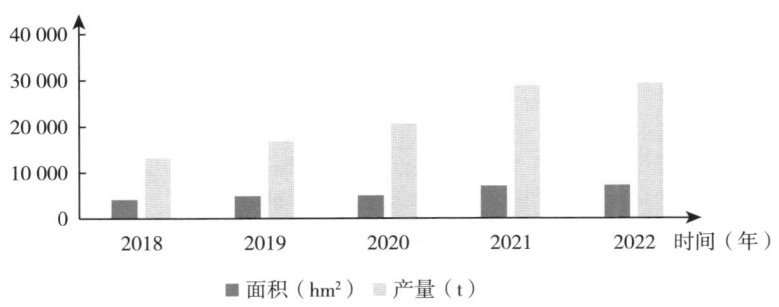

图 1-8　2018—2022 年中国纤维亚麻种植情况

二、亚麻纤维及籽粒进口数量及价格

目前，我国仍是世界上第一亚麻纺织大国，纺纱能力 70 万锭左右。亚麻种植面积的下降，导致亚麻第一纺织大国的我国亚麻纤维 90% 以上依赖进口，2022 年，进口长麻 13.4 万 t、短麻 7.2 万 t，约合计 20 万 t；2023 年，进口长麻 13.3 万 t、短麻 9.2 万 t，合计

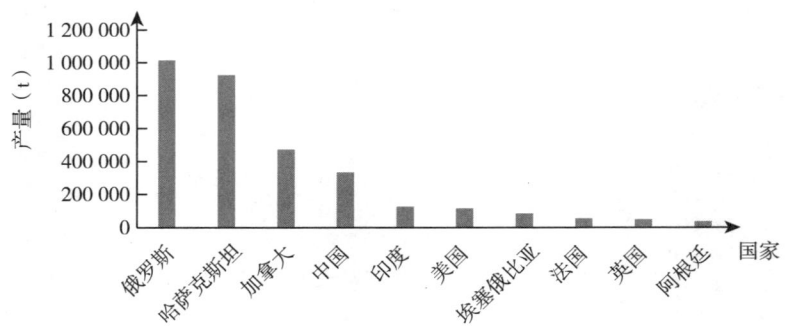

图1-9　2018—2020年油用亚麻平均年产量前十位的国家

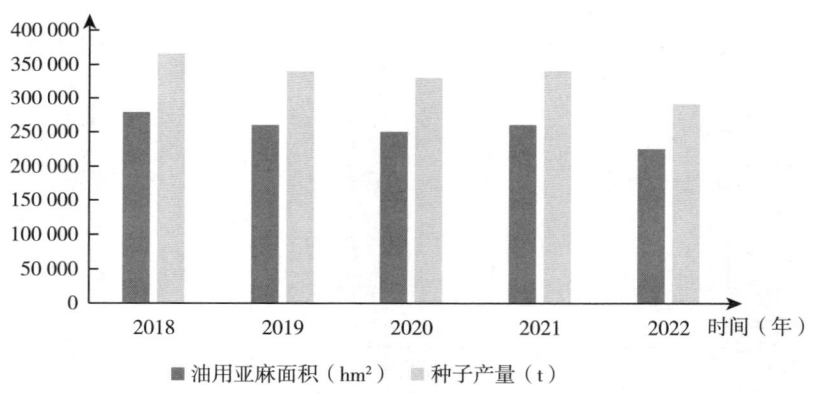

图1-10　2018—2022年中国油用亚麻种植情况

22.5万t。亚麻种植面积的下降，再加上2022年欧洲亚麻减产，导致2022—2024年亚麻纤维价格的上涨。2024年5月，亚麻打成麻的价格从2022年1月的28 643.8元/t涨到2024年5月的74 081.3元/t，价格是2021年1月的2.59倍（图1-11），上涨最快的阶段在2022年12月至2023年2月和2023年12月至2024年1月。2023年末，亚麻二粗的进口价格也开始快速上涨，从2023年10月的14 394.6元/t上涨到2024年5月的30 543.0元/t，短短

7个月时间翻了1番多（图1-12）。

我国亚麻籽贸易进口量居于世界第二，贸易总量呈逐年增长趋势。2010—2020年我国亚麻籽的进出口贸易迅速增长，进出口贸易总额增加了1.73亿美元，进口贸易总额增加1.29亿美元，年平均增长率达8.02%；出口贸易总额增加0.44亿美元，年平均增长率为5.37%。但由于我国特色油料作物产需缺口大，日益增长的需求拉动进口的急剧增加，而我国油料作物的进口关税水平较低，其他国家的油用亚麻籽大量涌入我国市场。我国油用亚麻籽长期呈现贸易逆差，2010—2020年贸易逆差额从0.47亿美元增加到1.32亿美元，以年平均10.88%的速度在逐步拉大。我国油用亚麻籽贸易逆差形势日益严峻，进口依存度持续攀升，对我国油用亚麻产业造成了严重冲击，产业的可持续发展面临严峻挑战（薛龙飞，2022）。

三、市场需求

亚麻纤维复合材料具有优异的力学性能，可以取代玻璃纤维、碳纤维等纤维复合材料。近年来，亚麻纤维复合材料的研究和应用蓬勃发展，节能减排、轻量化、安全舒适成为汽车行业的主要发展趋势。亚麻纤维复合材料可以取代塑料，在汽车行业占据了近一半的市场份额。亚麻纤维增强热塑性复合材料不仅具有优异的机械性能和低成本，而且具有可再生、可生物降解和环保的特性，从而在生产过程中降低二氧化碳排放。复合材料对纤维质量的要求不同于精细纺丝，纤籽兼用亚麻的纤维完全可以用于复合材料，这为纤籽兼用亚麻的种植提供了发展空间。此外，它还将对亚麻籽油、亚麻籽胶、亚麻籽粉、蛋白粉、亚麻籽油粉、食品和木质素的传统加工产生积极影响。值得注意的是，纤维亚麻和油用亚麻在总酚类和类黄酮含量以及其他活性方面没有显著差异，甚至有些纤维亚麻品种籽中生物活性物质比油用亚麻籽的好，纤籽兼用亚麻籽与油用亚麻籽同样是功能性产品和膳食补充剂生产的重要候选者，这种生产发

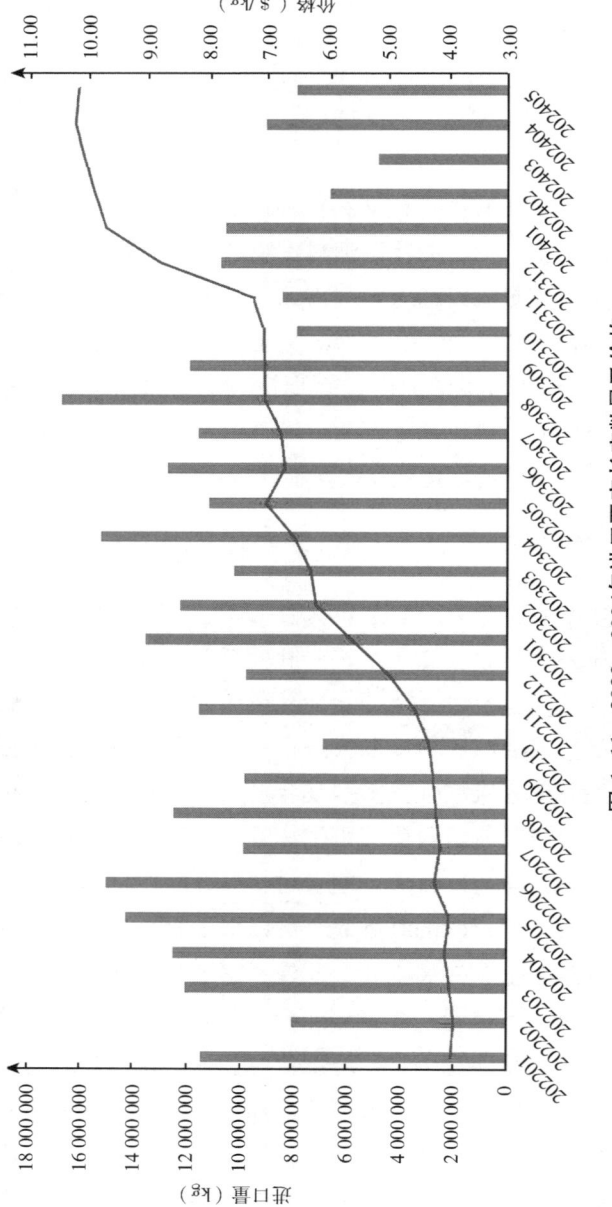

图 1-11 2022—2024年进口亚麻长麻数量及价格

注:数据引自中国麻纺协会官网。

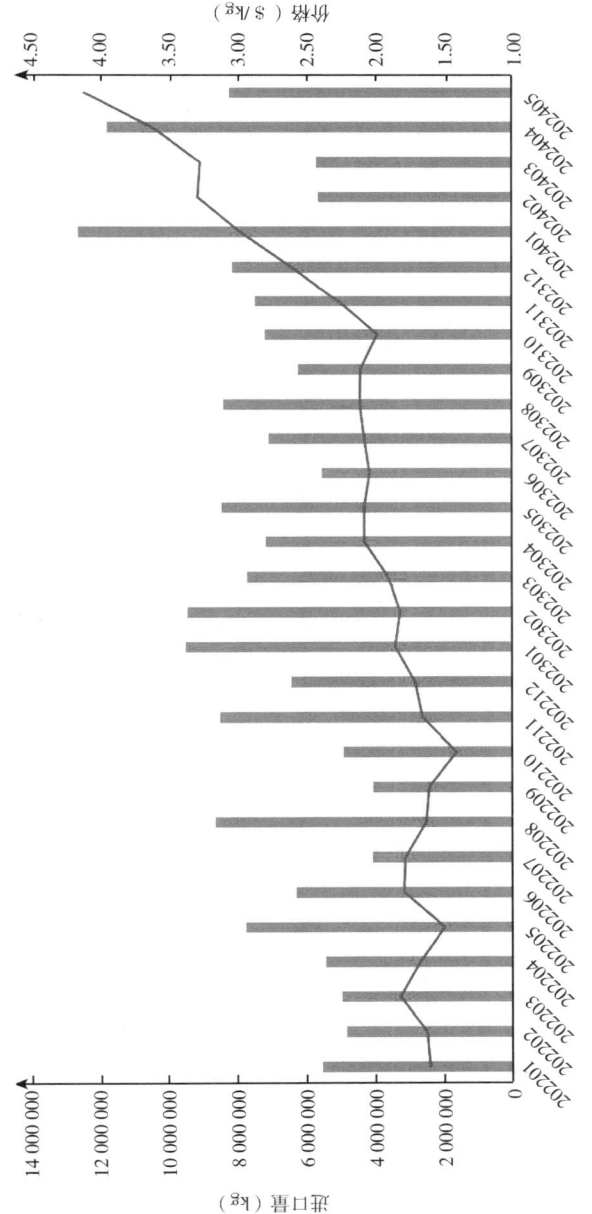

图1-12 2022—2024年进口亚麻短麻数量及价格

注:数据引自中国麻纺协会官网。

展趋势为纤籽兼用亚麻品种的应用创造了前所未有的机遇。因此，为了应对市场需求的变化，有必要加快纤籽兼用亚麻品种的选育、栽培技术研究以及推广和应用。

四、存在的问题

（一）价格波动影响企业的可持续发展

价格因素是影响亚麻种植的重要因素，历史上我国纤维亚麻的种植面积最高达到 300 多万亩，但是 2007 年以后由于金融危机的影响以及国际竞争的加剧，我国亚麻种植面积一路下滑。由于种植面积的减少，以及麻与其他纤维混纺需求的增加，亚麻纤维用量增加，致使近年亚麻纤维价格飙升，在价格的驱动下，纤维亚麻的种植面积开始扩大。所以说，纤维价格的不稳定造成生产的波动。这种波动对亚麻生产造成了极大的伤害，其直接结果就是企业倒闭，技术人员流失，机械、厂房闲置甚至损坏，没有企业或个人进行种子繁殖。如果这种情况形成恶性循环，就会造成亚麻发展的坎坷，还会导致其不可持续性加剧。

（二）亚麻种子繁殖体系缺失，种子混杂，无种子可用

亚麻种子短缺严重，全国没有一家真正的亚麻繁种企业。纤维亚麻的生产几乎全部使用采麻田的种子，种子混杂、退化，成熟度不够等严重影响亚麻的出苗、产量、质量。2024 年，亚麻种子短缺尤为突出，陈旧几年的商品籽都被用于种植，有的出芽率甚至低至 50%。更有甚者用油用亚麻籽充当纤维亚麻种子销售。

（三）种植技术及设备落后

由于亚麻价格受国际影响波动性比较大，国内企业又不像西欧亚麻种植企业那样在亚麻低谷时可以拿到补贴，因此对亚麻产业的可持续性发展缺乏信心，企业的技术研发、技术培训、机械设备更新都投入不足，造成亚麻生产机械落后，机械设备陈旧，多数企业的设备都是拼凑的，使用的设备不配套，更新换代慢，严重影响生

产效率及产品质量,企业效益低,甚至亏损,造成企业更迭频繁、技术人员断档,种植技术落后,亚麻加工企业规模小,难以形成具有与国外企业相抗衡的企业。

第五节　我国亚麻产业创新发展与对策

一、中国亚麻研究的地位

WoS 网站对 2000 年 1 月 1 日至 2022 年 5 月 21 日的搜索结果进行可视化分析的结果表明,各国发表的论文数量差异很大,加拿大和法国以 972 篇论文位居第一,美国以 828 篇论文排名第三,中国和印度以 686 篇论文排名第四和第五,其次是波兰、德国、意大利、英国和俄罗斯(图 1-13)。科学研究可以促进亚麻生产,反之亦然,使这些国家成为世界亚麻的主要生产国(Gao et al., 2023)。同期,在中国知网上以中文检索标题为"亚麻"或"胡麻"的科技论文,共有 6 252 篇科技记录,其中,学术期刊 4 809 篇,论文 556 篇。这表明中国在亚麻科技领域的研究远远超过加拿大和法

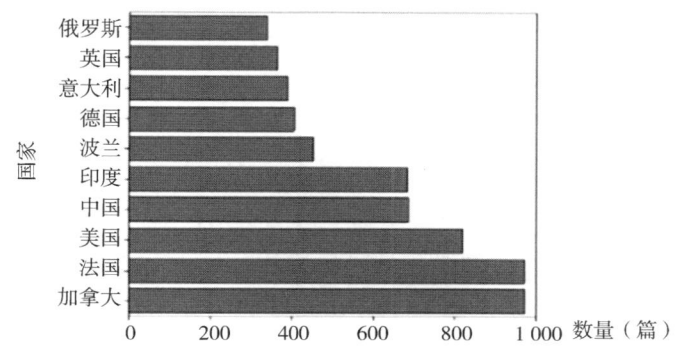

图 1-13　2000 年 1 月 1 日至 2022 年 5 月 21 日发表亚麻文章的数量

国,凸显了中国在亚麻研究中的重要地位。

二、亚麻研究领域创新成就

亚麻及其产业历史悠久,但它也是一个新兴的绿色健康产业,其产品已渗透到现代生活的方方面面。亚麻研究涉及育种、种植、田间管理、除草、病虫害防治、收获、纤维加工、纺织、食品、复合材料等多个领域。

(一)品种改良

育成了一大批亚麻品种。从2017年到2024年7月我国已经有103个亚麻品种在农业农村部登记,其中,油用亚麻品种55个、纤维亚麻品种37个、纤籽兼用亚麻品种11个,均来自16个研究所(或企业)。纤维亚麻品种的原茎产量为4 969.5~13 434 kg/hm²,出麻率为25.5%~37.48%;油用亚麻品种中,种子产量为1 283.8~2 442 kg/hm²,含油量为28.89%~46.30%,千粒重4.92~8.8 g;纤籽兼品种原茎产量为5 139~7 547.3 kg/hm²。种子产量为1 144.5~1 685.4 kg/hm²,出麻率为28.78%~33.6%,含油量为35.91%~41.26%。

(二)栽培技术

栽培技术研究方面,重点开展了稻麻轮作免耕栽培、抗旱耐盐碱栽培、重金属污染耕地修复、亚麻复种秋菜、抗倒伏栽培、优质高产栽培等栽培技术的研究。

1. 稻麻轮作免耕栽培

2013年10月6日,在云南省宾川县金牛镇仁和村委会菜官营村亚麻基地开展了亚麻轻简化栽培技术示范,示范面积15亩。每亩播种10.5 kg,每亩施尿素32 kg、普钙36 kg、硫酸钾22 kg、硼肥2 kg、锌肥2 kg,工艺成熟期收获。2014年4月3日,国家麻类产业技术体系首席科学家办公室组织专家对亚麻栽培岗位开展的"水稻田亚麻免耕栽培技术的优化与示范"任务进行了验收。经现场实测验收，亚麻品种中亚麻 4 号亩产原茎可达 757.76 kg，达到体系重点任务"CARS-19-07B 麻类作物轻简化栽培技术研究与示范"要求中亩产亚麻原茎 580 kg 的指标。因此，建议进一步加快示范成果推广，促进该区域冬闲田亚麻生产技术提升。

2. 亚麻复种秋菜

亚麻在我国北方为短季节作物生育期约为 80 d，收获后土地有一个较长的闲置期，对无霜期有 120 d 或 120 d 以上地区的积温有些浪费。为了增加亚麻种植的综合效益，国家麻类产业技术体系亚麻生理与栽培岗位以及相关的岗位（试验站）都开展了亚麻复种秋菜（牧草）等作物的相关研究。在黑龙江，亚麻复种白菜和西蓝花的复种效果较好，平均亩产量分别为白菜 2 715.5 kg 和西蓝花 1 465.2 kg，白菜价格按 1 元/kg 计算，西蓝花按 2.5 元/kg 计算，白菜亩收入 2 715.5 元，西蓝花亩收入 3 663.0 元，亚麻复种西蓝花、白菜增加了收入。因此，在黑龙江等一年一作产区可探索形成一年两作的耕作模式。

3. 耐盐碱栽培

亚麻耐盐碱能力较强。试验结果显示，选用耐盐碱品种在一般中、轻度盐碱地可以种植，并取得良好的效果。在中重度盐碱地情况下，激动素+其他复配剂各个处理的原茎产量均比对照增产 10% 以上。激动素+其他复配剂和乙酰水杨酸两种调控剂都表现出了显著的耐盐碱调控效果。其中，激动素+其他复配剂 500 倍液处理的产量最高，增产 54.6%；乙酰水杨酸的 3 个处理也都表现增产，有 2 种剂量的增产 10% 以上；另外 1 个调控剂复硝酚钠效果较差，3 种剂量与对照相比基本都减产或平产。

在吉林北正进行亚麻盐碱逆境栽培调控技术示范，面积 6 亩。播种前，取土样送吉林省农业科学院检测中心进行检测，含盐量 0.31%，pH 值 8.2。2015 年 4 月 21 日播种，品系为 YOI348，亩播种量为 8 kg，亩施硫酸钾型复合肥（15-15-15）20 kg、菌肥 80

kg、石膏 200 kg。亚麻苗高约 15 cm 进行化学除草，无浇灌条件，当地降水量不足 400 mm，当年 5—7 月干旱较严重，对亚麻生长造成了较大的影响。于工艺成熟期（7 月 30 日）进行收获，经随机多点测产，原茎亩产达到 302.12 kg。

4. 抗倒伏栽培

亚麻的表观倒伏率与株高呈显著正相关，通过喷施多效唑可以降低株高达到减轻倒伏的目的，但不适当的喷施浓度和喷施时期会造成植株过矮，导致工艺长度和单株茎重过低从而影响亚麻的纤维产量。本研究通过不同时期喷施不同浓度多效唑的试验表明，在快速生长期喷施 100 mg/L 左右的多效唑可以在不影响产量的前期下降低亚麻的表观倒伏率（郭媛，2015）。

5. 重金属污染农田修复

亚麻是一种适应性非常强的作物，对镉等重金属胁迫具有较高的耐受性，并且在南方可以冬季种植，可以与低积累水稻品种配合用于中轻浓度重金属污染农田的修复，是一种比较理想的重金属污染耕地"边利用边修复"的作物（王玉富 等，2015）。同时，亚麻对重金属富集能力很强，2018 年在湖南湘潭试验，试验田块的土壤镉含量 0.402~0.576 mg/kg。亚麻收获后测试其植株根部、茎秆和蒴果的镉含量，分别为 6.88 mg/kg±0.66 mg/kg、5.1 mg/kg±0.45 mg/kg 和 1.9 mg/kg±0.08 mg/kg，分别为土壤平均镉含量的 15 倍、11 倍和 4 倍，说明利用亚麻吸附土壤中的镉具有巨大的潜力。亚麻—水稻轮作，亚麻原茎产量 539 kg/亩±67.7 kg/亩，每年每亩可提取重金属镉约 3g。

近些年来，在农业产业技术体系的支持下开展了大量的亚麻栽培技术的研究，并取得一系列成果。试验成果的推广应用有力推动了我国亚麻产业的发展。

三、市场需求

（一）纺织服装

近年来，随着人们生活水平的提高和健康意识的觉醒，人们对面料的追求已转向纯天然，并要求织物具有透气、吸湿、不粘、防皱、抗菌、防霉、抗紫外线、抗辐射和防静电等特性。寻求易于保养、皮肤舒适的面料，将外在美与内在健康功能统一已成为服装消费的新趋势。亚麻服装以其自然的质感和轻盈透明的面料，以强烈的艺术氛围和自由奔放的意境满足人们的需求。随着人们对天然纤维织物的日益偏好和环保意识的日益增强，时尚服装行业对亚麻纤维的需求也在逐渐增加。

（二）家装

亚麻纤维常用于家装，如窗帘、桌布、地毯、床上用品、凉席和沙发套。亚麻纤维的自然质感和极简风格与现代家居设计相契合，受到许多消费者的青睐。

（三）工业用途

亚麻纤维具有较高的耐磨性和强度，适用于需要耐久性和透气性的场合，它还可用于工业领域，如制造绳索、防水油布、工作服和防护服。亚麻纤维的质地和颜色适合制作工艺品，如油画画布、时尚包、布娃娃、刺绣作品等，这些工艺品具有原始自然的风格，深受消费者的喜爱。总体而言，亚麻纤维在时尚、家居装饰、工业和手工艺品领域有着广泛的需求。未来，随着消费者对天然材料和环保产品追求加大，对亚麻纤维的需求可能会进一步增加，这种需求的增加要求开发出产量更高的亚麻新品种。

（四）复合材料

亚麻纤维可以提高复合材料的生物降解性和可回收性，与普通聚合物相比，表现出更好的机械性能。亚麻纤维复合材料因其优异的力学性能逐渐取代玻璃等纤维复合材料，近年来在建筑和汽车行业显示出巨大的市场潜力（Ahmad et al.，2016）。低碳、安全的亚麻编织复合材料在汽车、航空和体育用品中的应用正在兴起。

随着人们对环境问题的日益关注，迫切需要开发轻质、经济高效和可持续的材料作为传统材料的替代品。在聚合物复合材料中，使用生物纤维代替玻璃纤维作为增强材料在各种工程应用中越来越受欢迎。随着节能、减排、轻便、安全、舒适成为汽车行业的主要发展趋势，亚麻纤维复合材料已经取代塑料，占据汽车行业近一半的市场份额。由于材料密度低，它们具有优异的降噪、隔音和抗挤压性能。目前，宝马、奔驰和奥迪等汽车制造商已经引入亚麻纤维复合材料来制造仪表板、车门护板和座椅靠背等部件，可以减轻约40%的重量，提高燃油效率。目前，汽车制造商更倾向于在汽车内饰中研究可生物降解的亚麻纤维复合材料，该材料的其他优越性能仍有待开发和在汽车中更多应用（Jiang et al.，2019）。

（五）食品

亚麻籽含有许多对人体有益的活性成分，如木酚素、α-亚麻酸、果胶、黄酮类化合物和环肽。这些生物活性物质正在市场上生产和销售，随着人们健康意识的提高，对这些产品的需求将继续上升。

由于纤维和籽的市场需求都十分旺盛，发展纤籽兼用亚麻是一个很好的方向。种植纤籽兼用亚麻不仅可以收获大量的纤维，而且可以通过同时收获种子来增加种植收入。因此，种植纤籽兼用亚麻将是未来一个重要的发展方向。

四、亚麻产业的发展策略

针对亚麻生产中存在的问题以及市场和环境变化，亚麻产业发展应采取相应的对策。

（一）政策扶持

出台动态性产业扶持政策，扶持亚麻种植业的可持续的发展。

即价格处于低谷,产业濒临亏损时予以补贴,价格高涨时可以不补,甚至可以额外收税,抑制种植面积过度扩张。法国亚麻种植长期持续发展就是得益于政府的动态补贴。

(二)加强繁种

亚麻是极易混杂的作物,混杂退化速度明显大于其他自花授粉作物。混杂退化的品种严重影响产量和品质,纤维亚麻工艺成熟期收获的未成熟种子不能用于种植。中国亚麻的种子繁育一直比较混乱,新品种没有发挥应有的作用。尤其 2024 年亚麻种植面积扩大,亚麻用种乱象丛生,甚至出现了油用亚麻种子充当纤维亚麻和油纤种子混种的"奇观"。好种出好苗,亚麻良种繁育是提高产量、质量、出麻率的关键,所以应高度重视亚麻种子繁育工作,建立健全亚麻新品种的种子繁育体系,发挥新品种应有的作用。

(三)农机农艺配套

加强栽培技术的推广与种植收获机械的配套,实现规模化、全程机械化、现代化种植。

(四)因地制宜发展纤籽兼用亚麻种植

由于纺织技术的进步短麻纺迅速增加,复合材料兴起也增加了纤维用量等需求;油用亚麻效益低,种植面积减少,影响油料的保证,发展纤籽兼用亚麻有利于保障纤维和油料的双重供应。我国 20 世纪 80—90 年代曾有发展籽纤兼用亚麻的历史,但由于籽纤兼用偏油用,出麻率低,与纤维亚麻一样受到影响,面积萎缩。纤籽兼用亚麻,在保障种子产量的情况下,具有出麻率高、原茎产量高的特点,更具有优势。

(五)在全球气候变化的情况下选育抗逆性品种

由于气候变化,土地盐碱化、荒漠化和干旱日益严重。为适应干旱、盐碱化、雨天、风灾等自然环境和灾害,保障粮食安全,应发展盐碱地、滩涂地和干旱贫瘠地亚麻种植,扩大种植空间,促进盐碱地、泥滩地和冬闲地的改良利用。通过选育新品种,可以提高其适应性和耐盐碱性。由于雨水和极端天气的影响，亚麻容易倒伏、病害等，因此，要加强亚麻品种的培育，提高其抗倒伏和抗病能力。

（六）加强分子生物学实用新技术研究

近年来，亚麻的分子生物学研究受到了前所未有的关注，导致了大量的研究正在进行。然而，缺乏专门关注应用的技术，研究目标不够集中，实用性较弱。分子生物学对亚麻育种的支持力度不够。因此，随着新的分子生物学技术在亚麻育种过程中的快速应用，有必要加强对亚麻分子生物学的深入研究。

总之，在适应亚麻育种变化方面，来自多个领域的专家合作，培育出更多优质、高产、抗倒伏、抗病的纤维亚麻、油用亚麻、纤籽兼用亚麻品种，以及低果胶易脱胶、低木质素、纺织产品细度高、生物活性成分含量高、强度高、复合材料表面粗糙的特种亚麻品种。

第二章

亚麻生长发育

第一节 纤维的发育

一、亚麻韧皮纤维的结构

亚麻韧皮纤维的单纤细胞、群体结构的形态和超微结构的解剖观察表明,亚麻韧皮纤维的直径、壁厚、纤维束数目、束纤胞数和细胞总数因不同的生育阶段和其所在的位置不同而变化,表现出明显的遗传和位置效应。麻株自下而上各茎段的初生韧皮纤维细胞通过束纤维的局部离合,形成一个单层次的长短不等、粗细不匀和疏密相间的网状结构体系,呈环形分布在麻茎的韧皮组织中。纤维束通过一些单纤维彼此联结成纤维网,韧皮纤维细胞呈束状结构,成束地上下连接,以中部茎段为最大。

(一) 韧皮纤维细胞的形态与结构

发育成熟的亚麻韧皮纤维细胞为两端尖而中空的长纺锤形厚壁组织细胞,细胞壁极厚,是细胞直径的1/3左右,主要由纤维素构成,故坚韧而有弹性,在植物体中能抵抗折断、弯曲,有很强的支撑作用。细胞壁存在同心纹层,有纹孔道从细胞腔向四周放射排列。这些纹孔道在纤维的枞壁上表现为斜眼状的小孔结构。细胞腔较小,为狭长的缝隙。麻茎横切面上韧皮纤维细胞呈多角形、椭圆形、圆形等，但韧皮纤维细胞的长度、直径、细胞腔和细胞壁厚因生育期不同，所处茎段不同而存在明显的差异。亚麻纤维细胞直径为 13.5~28.41 μm，细胞壁厚 3.95~7.8 μm。亚麻植株自下而上各茎段韧皮纤维直径、细胞壁厚度、细胞腔大小在不同生育期均以茎基最大，随茎段位置上升而递减。纤维细胞直径和细胞腔大小的递减随生育期的进展而加快，现蕾期前递减较慢，直径递减在 3.71%~8.2%，细胞腔在 2.1%~15.89%，开花后茎中—茎尖部递减较慢，直径递减在 3.37%~8.49%，细胞腔递减在 4.96%~5.07%，而茎基—茎中部的递减却很快，直径递减达 23.88%~31.08%，细胞腔递减达 40.16%~59.09%。细胞壁厚随生育期进展递减较慢，在 12.64%以上。开花后麻株茎基部韧皮纤维细胞呈椭圆形、长卵形，长宽比约为 4：3，细胞壁厚与茎中、茎尖部相差不大，细胞腔相对较大，细胞排列疏松（图 2-1 A）。茎中、茎尖部韧皮纤维细胞呈圆形、近圆形、多角形等，细胞壁厚，细胞腔较小，排列紧密（图 2-1 B）（贾霄云 等，1999a）。

（二）韧皮纤维群体的形态与结构

亚麻韧皮部纤维通过韧皮纤维束层内和层间的分离重组，形成一个长短不等、粗细不匀、疏密相间的单层次束纤维的筒形网状结构，环形分布在麻茎的韧皮组织中。亚麻韧皮纤维束通过一些单纤维彼此连接成纤维网。韧皮纤维细胞呈束状结构，成束地上下连接。

麻株自下而上各茎段逐渐变细，纤维束数、束纤维细胞数和纤维细胞总数因生育期不同存在差异。枞形期、快速生长期茎基部纤维细胞总数分别为 201 个和 352 个，比茎中部多 4 个和 12 个，纤维束数、束纤细胞数变化也极小。现蕾期到工艺成熟期纤维束数、束纤维细胞数和纤维细胞总均以中部茎段较多，现蕾期分别达 29 束、19.1 个和 554 个，比茎尖部和茎基部分别多 5 束和 4 束、1.1 个和 5.5 个、121 个和 214 个，开花期分别达 33 束、20.4 个和 672

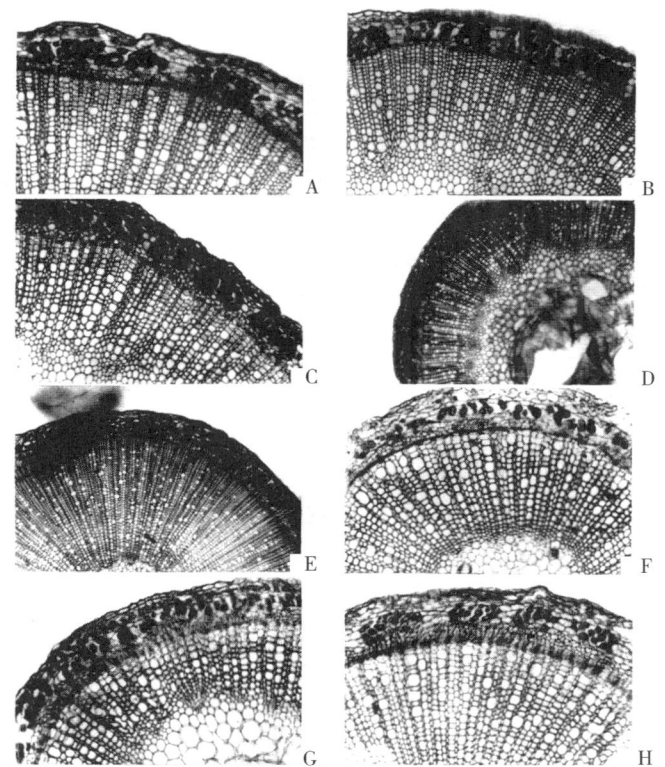

A. 亚麻茎部韧皮纤维细胞呈椭圆形，壁厚，腔大，排列疏松；B. 亚麻茎中部韧皮纤维细胞近圆形，壁厚，腔小，排列紧密；C. 亚麻茎尖部韧皮纤维束数，束纤细胞数，纤维细胞总数较少；D. 亚麻茎中部韧皮纤维束数，束纤细胞数，纤维细胞总数多；E. 亚麻茎基部韧皮纤维束数，束纤细胞数，纤维细胞总数少；F. 亚麻快速生长期茎中部韧皮纤维发育；G. 亚麻现蕾期茎中部韧皮纤维发育；H. 亚麻开花期茎中部韧皮纤维发育

图 2-1 亚麻韧皮纤维的形态构造

个；比茎尖和茎基部分别多 7 束和 6 束，4.1 个和 7.9 个，247 个和 334 个，工艺成熟期分别达 34 束、23.3 个和 793 个，比茎尖和茎基部分别多 6 束和 7 束，2.4 个和 10.4 个，209 个和 444 个。中

部茎段的纤维细胞总数是茎尖部的 1.28～1.58 倍，是茎基部的 1.63～2.27 倍，且纤维束排列有序，束细胞紧凑（图 2-1 C、D、E）可见，亚麻韧皮纤维细胞通过纤维束彼此连接成一个周长逐渐变小，纤维束密度以中部茎段较大的单层网状体系，分布在麻茎的韧皮纤维组织中（贾霄云 等，1999a）。

二、亚麻纤维发育规律

（一）纤维的发育阶段

亚麻韧皮纤维细胞发育经历分生形成、伸长增粗、细胞壁加厚和发育成熟等 4 个不可分割的阶段。

1. 分生形成期

分生形成期是指其分裂分化的过程，该期细胞较短小、原生质浓厚，细胞壁很薄，巨原纤横向排列。亚麻原生分生组织发达，分生能力强，初生韧皮纤维是其产量构成的主要来源。显微观察表明，亚麻出苗后 7 d，茎基部已分化出明显的初生纤维细胞。麻株生育前期茎尖幼嫩茎段亦分化出初生纤维细胞，随麻株不断生长，由原形成层和形成层不断活动，自下而上、由表及里分化出大量的初生韧皮纤维细胞。刚分化形成的初生韧皮纤维细胞较短小，原生质浓密，充满了整个细胞腔，横切面细胞多为近圆形，巨原纤呈横向排列，此时亚麻韧皮纤维细胞呈链状或念珠状排列。

2. 伸长增粗期

韧皮纤维细胞分生形成后即迅速生长，纤维长度、直径明显增长，体积不断扩大，此时的纤维细胞高度液泡化，中央液泡已形成，细胞质被挤压到紧靠细胞壁的内侧，透光性明显增强，次生壁已形成并开始缓慢加厚，但仍较薄。随纤维细胞的不断伸长增粗，细胞壁外部层次的巨原纤逐渐被拉伸趋向纤维轴向排列，取向度逐步提高，而其内部层次巨原纤积累较晚，仍呈横向排列。

3. 细胞壁加厚期

亚麻纤维长度、直径大体稳定。由于纤维素等细胞壁物质不断积累，细胞壁厚度迅速增长，细胞腔逐渐变小。细胞壁内、外表面的巨原纤分别呈横、纵向排列。现蕾期纤维细胞数快速增加，细胞壁迅速加厚，细胞呈束状分布。开花期细胞壁继续加厚，细胞腔开始变小，排列较紧密，呈明显的束状分布。

4. 发育成熟期

工艺成熟期亚麻纤维细胞发育成熟，纤维细胞的大小和壁厚发育到一定程度不再增长，原生质体逐渐解体消失，巨原纤取向度进一步提高，细胞壁内层巨原纤亦趋向纤维轴向排列，至此，亚麻韧皮纤维细胞发育成熟（贾霄云 等，1999），其纤维细胞总数多达793 个，纤维束数 34 个，纤维直径 19.58 μm，细胞壁厚 7.17 μm，细胞腔 5.24 μm。由于亚麻韧皮纤维束形成正值麻株生长和韧皮纤维发育的中后期，因而束纤胞数的变化幅度较小，平均在 19.1~23.3 个。横切面呈多角形、近圆形，胞腔缩成圆孔状，单纤维细胞紧密靠接，形成紧密的纤维束，成团分布在麻茎的韧皮组织中（武跃通 等，1999）。

（二）亚麻不同生育期茎中部初生韧皮纤维细胞的发育

亚麻原生分生组织发达，分生能力强，初生韧皮纤维是其产量构成的主要来源。通过观察发现，亚麻茎中部初生韧皮纤维细胞分生形成较早，出苗后 7 d 茎中部可看到外形不同、数量不多（20~40 个）的初生纤维细胞零星分布在韧皮组织中。进入枞形期后，纤维细胞数增多，达 197 个，并逐渐变粗，直径为 13.5 μm，横面细胞呈椭圆形，细胞腔较大，为 5.6 μm，胞壁较薄，为 3.95 μm，纤维细胞呈小链状排成 1 圈。快速生长期纤维细胞数继续增加到340 个，细胞壁逐步增厚到 5.09 μm，通常有 2~3 排纤维细胞，但排列松散，纤维束逐渐形成，不很明显，约 25 束。现蕾期纤维细胞数迅速增加到 554 个，细胞壁增厚到 6.12 μm，细胞呈多角形、近圆形，并呈束状分布，为 29 束。开花期纤维细胞数增加到 672 个，细胞壁增厚到 6.43 μm，细胞呈明显的束状，纤维束数达 33 束。此时纤维细胞腔逐渐变小，细胞排列较紧密，有 3～4 排纤维细胞，以束状分布于茎中（图 2-1 F、G、H）。

亚麻开花期至工艺成熟期，纤维细胞总数增长量为 15.3%，纤维束数增长量为 2.9%，纤维直径增长量为 3.1%，细胞壁厚增长量为 10.3%，其增长量均较小，细胞腔反而减少 14.2%。此时的纤维细胞逐渐发育成熟，横切面细胞呈多角形、近圆形，细胞腔缩成圆孔状，单纤维细胞彼此紧密靠接，形成紧密的纤维束，有 4～5 排纤维细胞，成团分布在麻茎的韧皮组织中（图 2-1 B）。

亚麻韧皮纤维细胞在麻株生长前中期散生或呈念珠状分布于韧皮组织中，随着麻株不断生长和纤维细胞逐步伸长增粗，横切面内纤维细胞数不断增长，至现蕾—开花期才集结成明显的束状。由于亚麻韧皮纤维束形成正值麻株生长和韧皮纤维发育的中后期，因而束纤胞数的变化幅度较小，平均为 19.1～23.3 个（贾霄云 等，1999b）。

第二节　影响亚麻生长发育的环境条件

一、环境条件对产量的影响

亚麻产量受生态环境、耕作方式等诸多因素影响。例如温度变化会影响亚麻营养生长与生殖生长阶段发育进程，苗期遇高温会导致生长速度过快，后期易发生倒伏；花期后遇 35℃ 以上高温会导致败育率升高，进而对蒴果数与结实率产生影响导致产量降低。干旱胁迫会抑制植株株高、茎粗及地上部生物量增长，所受抑制程度与发生时期和品种差异紧密相关。淹水胁迫会引起亚麻根部缺氧，影响叶片叶绿素合成,诱导根部形成通气组织,降低亚麻抗倒伏能力,最终影响植株株高和产量,甚至引发死亡。结合覆盖秸秆措施的保护性耕作有利于保持耕层土壤含水量,从而提高亚麻产量与品质。有效的土壤养分管理可增加土壤有机质及速效养分,促进亚麻根系养分吸收及干物质积累,进而提高产量。

二、环境条件对有效成分的影响

亚麻籽中生理活性成分受生态环境、品种等众多因素影响。同一亚麻品种在海拔越高、纬度越高越冷凉的地区,其木酚素含量会越高。昼夜温差、光照时间光照强度、降水量、风力与湿度等因素对脂肪酸组成有显著影响,且此影响有显著的环境品种互作效应。其中,温度是影响脂肪酸含量的重要因素,开花后温度升高会显著降低亚麻酸含量,提高油酸含量。亚麻胶外观、组成、微观结构与特性受生态环境影响,且植株营养生长期长短及亚麻籽大小会影响亚麻胶产量,种子较大的晚熟品种亚麻胶含量较低。

不同生态环境是各种生态条件因子的组合,不同亚麻品种适宜不同的生态环境。为提高亚麻产量与品质,需研究不同环境因素对亚麻生长发育的影响规律,筛选种植适宜当地生态环境的优质亚麻品种,根据品种特点和当地生态条件构建适应当地环境的亚麻高效栽培技术,从而促进我国亚麻种植业的发展。

同一品种的亚麻籽种植在不同海拔的地区,亚麻籽的蛋白质含量差异显著,海拔越低,亚麻籽的蛋白质含量越高,且各品种及品系之间的表现趋势相同,其原因可能是低海拔区域相对于高海拔区域的高温生态条件有利于亚麻籽中粗蛋白的积累和提高。在供试品种及品系范围内,低海拔的亚麻蛋白质含量达到 23.82%,高海拔的蛋白质含量仅为 19.26%,蛋白质含量的差异达到 23.67%。以亚麻种植地海拔高度与亚麻籽的蛋白质平均含量作回归分析,回归方程为 $y=-0.008\ 2x+32.082\ 0$,回归相关系数为 $-0.797\ 4$。即在同纬度条件下种植的亚麻品种或品系，种植地海拔每增加 100m 亚麻籽蛋白质含量降低 0.82 百分点。不同纬度对亚麻籽蛋白质含量的影响程度显著，在试验范围内，纬度越低，蛋白质含量越高；在供试亚麻品种及品系范围内，低纬度的蛋白质平均含量达 22.74%，高纬度的蛋白质平均含量仅为 19.26%，蛋白含量的差异达到 18.07%。以亚麻种植地北纬度与亚麻籽的蛋白质平均含量进行回归分析，回归方程为 $y=-1.8046x+91.414$，回归相关系数为 -0.9276。即在同海拔条件下种植的亚麻品种及品系，种植地纬度每增加 1°，亚麻籽蛋白质含量降低 1.80 百分点（许光映 等，2013）

海拔不同对亚麻粗脂肪含量的影响程度较大，在试验范围内海拔越高粗脂肪含量越高；在供试的 6 个品种及品系内，高海拔亚麻粗脂肪含量平均达到 42.83%，低海拔粗脂肪含量仅为 40.40%，含油率的差异达到 6.01%。经统计分析，在不同海拔高度种植的 6 个品种与品系的平均粗脂肪含量都呈极显著差异（$P \leq 0.01$）。经回归分析，海拔与亚麻粗脂肪含量呈明显的线性关系，相关系数为 0.8746，回归公式是 $y=0.0045x+35.7410$；即在其他因素不变的前提下，海拔每增加 100 m，亚麻粗脂肪含量增加 0.45%。纬度不同对亚麻粗脂肪含量的影响程度也较大，在试验范围内，纬度越高粗脂肪含量越高；在供试品种及品系内高纬度亚麻粗脂肪含量平均达到 42.83%，低纬度粗脂肪平均含量仅为 41.00%，含油率的差异达到 4.46%。经统计分析，在各个北纬度种植的 6 个品种与品系的平均粗脂肪含量之间都呈极显著差异（$P \leq 0.01$）。经回归分析，北纬度与亚麻粗脂肪含量同样呈明显的线性关系，相关系数为 0.9915，回归公式是 $y=0.9818x+3.4101$；即在其他因素不变的前提下，纬度每增加 1°，亚麻粗脂肪含量增加 0.98%（高忠东 等，2013）。

第三节　种子的发育

一、受精及胚的发育

杨虹等（2009）对 1 000 余枚雌蕊制片、近 3 000 个胚珠的观察表明，在田间平均气温为 20~32℃的条件下，开花后落到柱头上的花粉随即萌发，花粉管经过花柱的引导组织进入子房内表皮表面，经胎座表面长进珠孔的全过程大约需要 4.5 h；继而在 4.5~5.5 h，花粉管进入 1 个助细胞并释放精子；5.5~6.5 h，精卵融合，同期另一精核与次生核融合；受精时，胚珠大小约 900 μm×450 μm，合子经 24~30 h 后开始分裂，个别为 12 h（李桂琴 等，1997），杨虹等（2009）的研究结果是 6.5~12.5 h 的合子静止期，此后合子分裂。第一次分裂为横分裂，产生二细胞型原胚，近珠孔端为基细胞，合点端为顶细胞（图2-2）。

亚麻种子由 3 个主要组织组成：作为双受精产物的二倍体胚胎和三倍体胚乳，以及母体种皮组织。受精后不久，种子是半透明的，胚囊在表皮内是直立的（图2-3）。

发育中的胚胎着生在胚囊的珠孔端。球形胚胎（图2-3 C，图2-4 A）有一个短的胚柄。随着胚胎从球形发育到心形（图2-3 D，图2-4 B）和鱼雷形（图2-3 E，图2-4 C）阶段，胚胎大小的增加主要是由于子叶的生长。虽然子叶原基的尖端在鱼雷阶段后期是尖的（图2-3 F），但在子叶阶段，它们在顶部变圆（图2-3 G，图2-4 D）。成熟胚胎（图2-3 H）主要由两个大子叶和一个相对较短的胚胎轴组成。子叶在种子萌发和幼苗早期生长过程中起着双重营养作用，它们拥有大量的种子储存储备，并在发芽后进行光合作用（Venglat et al.，2011）。

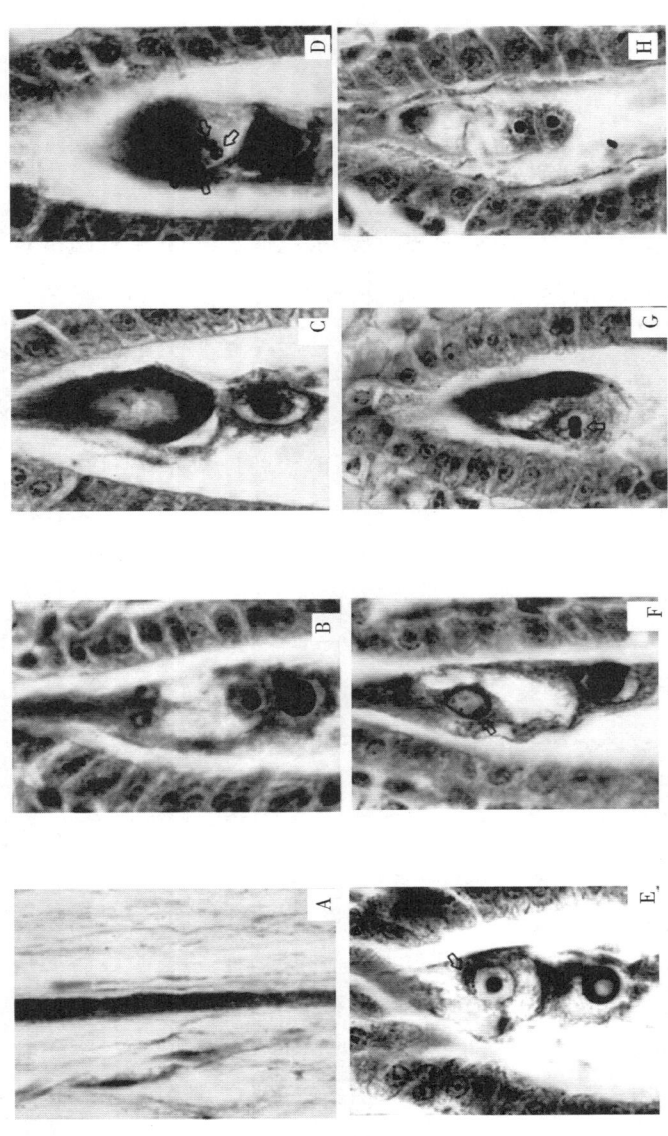

图2-2 亚麻的受精过程

A—在引导组织区的细胞间隙生长的花粉管；B—成熟胚囊中的卵细胞、中央细胞的次生核以及2个助细胞；C—花粉管进入导致退化的助细胞；D—刚释放到胚囊中的2个精子脱去精子细胞质和细胞质体；E—一箭头示透镜状伏在卵核仁上的精核；F—一箭头示精核的染色质在卵核中分散；G—一箭头示合子内雌性核仁与雄性核仁融合；H—二细胞原胚。

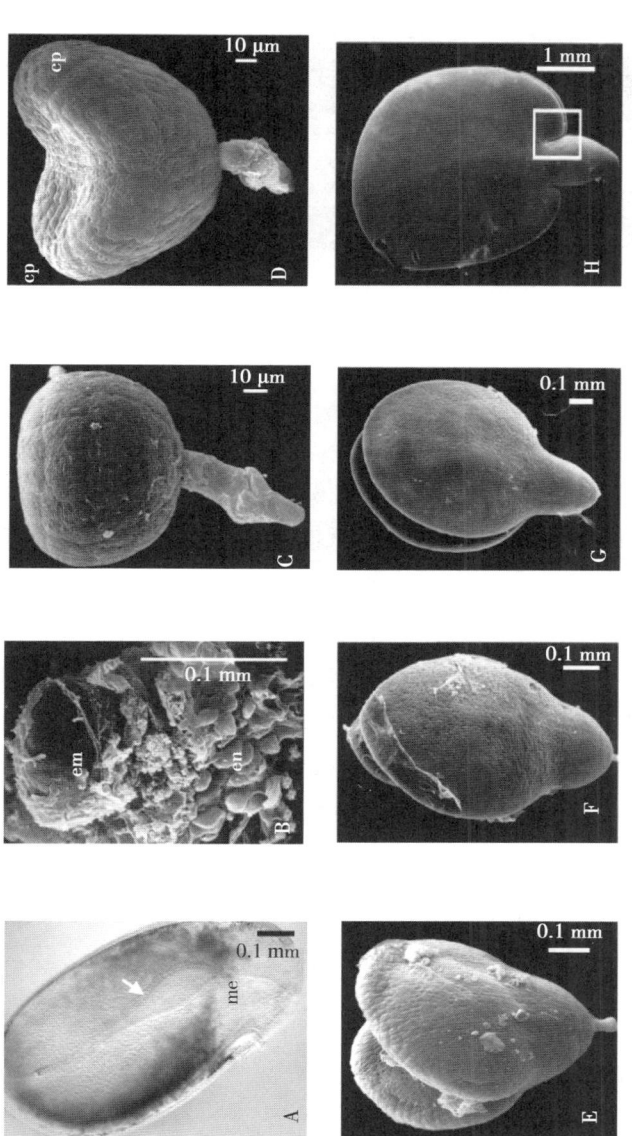

图2-3 亚麻胚胎发育电镜图（B-H）

A—受精后不久的种子。胚囊（箭头方向）包围胚胎和胚乳，并着生在厚种皮的珠孔端（me）；B—种子的解剖微孔末端显示了发育中的球形胚（em）周围的胚乳细胞（en）；C—球状胚胎；D—心脏胚胎；E—早期鱼雷胚胎；F—具有尖端子叶的晚期鱼雷胚胎；G—子叶中期胚胎，子叶尖端圆形；H—成熟胚，子叶细长，胚轴短

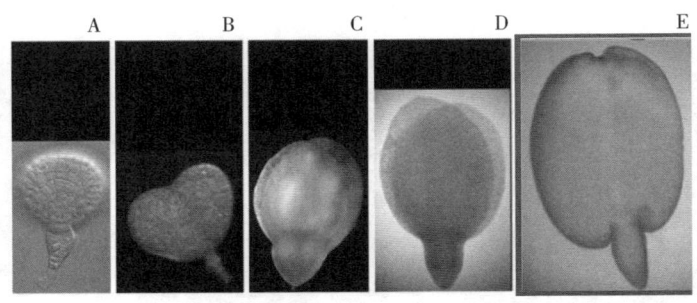

A. 球形胚；B. 心形胚；C. 鱼雷胚；D. 子叶胚；E. 成熟胚

图 2-4　亚麻胚的发育

二、胚乳的发育

在卵细胞进行受精的同时，极核与另一个精子进行融合，产生 3 倍体的初生胚乳核，初生胚乳核休眠时期很短，没有明显的静止期即开始分裂，不断产生胚乳游离核，7.5~8.5 h 可见初生胚乳核的有丝分裂相。从分裂时间看。胚乳分裂先于合子，并且分裂速度较快。随着胚乳游离核的不断形成，胚囊不断长大，由于胚和胚乳不断吸收胚囊周围的营养，使其珠心细胞很快瓦解。胚乳的细胞质稠密，常在胚囊中央集聚，并在珠孔端将原胚包围。胚乳在合点端形成细长的吸器，胚和胚乳形成过程中内珠被细胞内贮藏大量营养物质，以供胚和胚乳发育的需要。当胚发育到中后期，胚乳游离核开始形成胚乳细胞，亚麻种子近成熟时，靠近胚的外侧和种皮之间有数层细胞组成的胚乳，胚乳细胞内含大量糊粉粒和油脂，供胚萌发需要（李桂琴 等，1997）。

三、种皮的发育

亚麻胚珠为双珠被，在幼小胚珠时，珠被由 2~3 层细胞组成，以后随胚珠发育，内珠被由于中层细胞不断分裂，产生由多层细胞组成的内珠被，内珠被的内表皮形成珠被绒毡层。该层细胞特点是排列整齐，细胞径向伸长，为以后胚和胚乳发育过程提供营养。随着胚和胚乳发育，珠被逐渐发生变化，外珠被层数未变，仍为2~3层，但细胞体积明显增大，最外层的细胞表面有角质层，径向伸长，细胞内含有大量的果胶质，种子成熟时，该层细胞遇水黏化膨胀，内层供给营养。发育后期细胞壁加厚，不规整。最内一层珠被绒毡层保留并积累色素，变成色素层，这样成熟种子的种皮自外向内分别有角质层、表皮、薄壁组织、栅状细胞、斜向排列的纤维状厚壁细胞，最内层为色素层。种皮与胚乳之间有明显的角质层（李桂琴 等，1997）。

四、种子形成过程中营养物质的动态变化

种子形成过程中营养物质逐渐由子房壁向胚珠转运，在胚珠发育期间，观察到在胚珠附近的子房壁薄壁细胞中储藏大量的颗粒状贮藏物质，被固绿染色剂染成颜色较深的均一细胞质的数层细胞，推测其内为可溶性的物质正在向胚囊内转移。自开花后3周，种子千粒重开始迅速增重，说明此时养分主要用于充实种子，蒴果的增重是种子增重的结果。工艺成熟期以后种子千粒重仍在增加。

从总的趋势看，在胚珠发育成种子的过程中，除各部结构逐渐发生明显的变化外，营养物质也由外向内，逐渐地经历贮藏、转运等一系列的变化过程（李桂琴 等，1997）。

五、不同发育时期亚麻种子发芽能力

龚振平等（1997）研究表明，亚麻开花2周后，种子已具有一定的发芽力，在20℃条件下发芽率为23%~26.7%，随着生育进程发芽率逐渐提高。开花3周后千粒重进入快速增长阶段，工艺成熟期蒴果中种子数不再增加，而千粒重仍以一定的速度在增长。工艺成熟期种子没有得到充分发育，发芽势明显较完熟期种子低，整

齐度较差。至工艺成熟期发芽率为 90%，而完熟期发芽率为 91.5%。经方差分析，工艺成熟期与完熟期两者发芽率差异不显著。由此可见，工艺成熟期收亚麻种子对种子发芽率并无太大的影响，但衡量种子品质不仅看发芽率的高低，还要有较强的发芽势。发芽率和发芽势是种子品质的重要指标，正常发育而成熟完好的种子，发芽势与发芽率之差低于 2~3 个百分点。

第三章

纤籽兼用亚麻的优质高产栽培

第一节 选地整地

一、选地与合理轮作

纤籽兼用亚麻需肥需水较多,较油用亚麻比抗旱能力差,与纤维亚麻比抗倒伏能力差,因此,应选择地势平坦、土壤肥沃、疏松、保水保肥良好的平川地,不可选用低洼内涝地,也不能选择严重干旱缺水的地块。

种植亚麻前作以玉米或者大豆为好,其次是小麦等作物。忌重茬、迎茬,更不宜多年连作,这是因为重茬容易发生立枯病、炭疽病和杂草,连作或迎茬容易引起病害,还会过多地消耗土壤中的同一种养分,降低土壤肥力造成减产。根据资料介绍:一般连作比轮作减产35%~50%;轮作地块立枯病仅占5%,而连作地块高达60%。轮作年限5年以上。采用油用亚麻和粮豆作物套作、间作或混播可以提高产量。亚麻的根系发育弱,是需肥水较多的作物,因此,种植亚麻应选择土层深厚、土质疏松、肥沃、保水保肥力强、地势平坦的黑土地,排水良好的二洼地或黑油砂土地,因其保水保肥力强。黄土岗地、山坡地、跑风地,土壤黏重,排水不良的涝洼地以及砂土地都不适宜种亚麻。如果选择这些不良的土地种植亚麻，就要做好抗旱、灌水以及排水的准备。不同的前茬对亚麻的生长和产质量有很大影响。试验证明，玉米、大豆茬种亚麻产量最高，其次是小麦茬。亚麻最忌重茬和迎茬（隔一年）。重茬、迎茬易发生苗期病害死苗，造成减产。种植亚麻必须实行4~5年的合理轮作。不能选用重茬、迎茬地块种植亚麻。轮作是重要的综合农业技术措施之一。生产实践证明，把亚麻生产纳入合理的轮作制中，不仅亚麻能连续获得稳产高产，而且由于亚麻生育期短，主根浅，只能吸收土壤中上层肥力，其他残肥有利于后茬作物的利用，或者可以利用亚麻收获后的时期因地制宜种植绿肥，还可以培肥地力，有利于轮作周期内的作物均衡增产。

为了充分发挥亚麻的增产潜力，现推荐几种轮作方式：

①玉米—亚麻—大豆—高粱—小麦；

②大豆—亚麻—玉米—豌豆—小麦；

③小麦—亚麻—玉米—豌豆—燕麦；

④谷子—亚麻—小麦—大豆—玉米；

⑤豌豆—亚麻—谷子—小麦—玉米。

不同的前茬对亚麻产量有很大影响，茬口应选择上年施有机肥多、杂草少的玉米、高粱、谷子、小麦、大豆等，不应选用消耗水肥多、杂草多的甜菜、白菜、香瓜、向日葵、马铃薯等。亚麻对除草剂非常敏感，前面植物种植时使用的除草剂，很有可能影响亚麻而受到除草剂的损害。同一块地，如果在4年之内使用过普施特、在40个月内使用过氯嘧磺隆、在30 d内使用过广灭灵、在18个月内使用过玉农乐、在26个月内使用过阔草清、在18个月内使用过氟磺胺草醚、在2年内使用过甲磺隆，则这块地不可以种植亚麻（李永强，2019）。还要注意前作使用除草剂阿特拉津、塞克津的玉米地，也不宜种植亚麻。

二、精细整地

亚麻产区多数为干旱地区，所以要做到精细整地，以利于亚麻出苗。由于亚麻种子小，幼芽顶土能力弱，因此在耕作栽培上，不论哪种土壤都要精细整地，保持土壤疏松平整以利于亚麻捉苗保苗。必须在前茬作物收获后及时耕翻，耕深 6 cm 以上，随耕随压。

亚麻是平播密植作物，种粒小，覆土浅，种子发芽需水多，所以提高整地质量、保住土壤墒情，是亚麻一次播种保全苗的关键措施。北方亚麻产区基本为干旱地区，黑龙江省历年春季多风少雨，蒸发量大，十春九旱，加之整地质量不符合要求，给亚麻生产带来的危害很大，造成出苗不齐，实收株数减少，直接影响产量。为此，在整地环节要注重保墒。如果是秋整地可以采取翻、耙、耢、压连续作业的整地方法，如果是春整地应抢在返浆前旋耕、耢、压连续作业的整地方法，创造深厚的疏松耕层，提高土壤的蓄水能力，达到整地保墒的目的。

（一）旱作土壤机械秋翻镇压蓄水保墒

预计要种植油纤兼用亚麻的地块，最好先进行秋翻处理。因为秋翻可以针对性灭杀和处理越冬虫卵，同时，对消灭病菌、提升草籽本身的成活率有显著影响。春季油纤兼用亚麻进行种植时，需要及时进行翻耙镇压操作，平整地面，且把土壤细碎化处理，以便亚麻种子更快萌芽。

秋耕翻可使上茬作物残留的根茬等翻入土中，腐烂后，利于土壤团粒结构的形成，既增加了土壤中的有机质，又改善了土壤的板结和性质。机械秋翻、镇压保墒作业，要求机耕深度 20~25 cm，深浅一致。秋翻可以使土壤充分接纳秋冬雨雪，减少蒸发，保持土壤墒情。据试验，秋翻地可提高土壤含水量，实现秸秆还田、促进腐熟，增加土壤有机质，还可以消灭部分杂草，灭草效果提高 10% 以上（张丽丽 等，2022）。

(二) 早春机械浅旋耕

浅旋耕可以破碎土块，平整土地，增加土壤有机碳储量，提高播种质量。早春机械浅旋耕较未旋耕田每平方米的杂草数减少29.7%~89.9%，出苗率提高14.6%~71.1%。早春机械浅旋耕要做到随耕、随播、随镇压，防止跑墒，影响出苗（张丽丽 等，2022）。

南方种植亚麻要遵照当地的种植习惯，播种前对田块进行翻犁、施肥、整地后，根据地块理出宽2 m左右的厢面，碎土耙平，厢面四周开通灌溉和排水沟，供排灌水使用。如果采用水稻田免耕种植亚麻，可以在水稻收获后，把部分稻草或全部稻草均匀铺在田间，晴天太阳暴晒干燥后点火焚烧。充分焚烧冷却后，把事先处理好的亚麻种子均匀撒播在焚烧后的草木灰里，然后立即灌水，或水稻收获后直接开排灌水沟后播种，播种后覆盖稻草保湿。

第二节 施肥

合理施肥是促进植株长高、增重、提高有效成麻株数、减少毛麻的保证。亚麻的生育期短，需肥高峰期仅有半个月左右。为了能在短短的生育期内满足亚麻从土壤中汲取足够的营养成分完成生长发育过程、增加种子产量、增加千粒重、提高发芽率，必须根据其需肥特点，均衡地供应各种营养，才能达到亚麻优质高产的目的。特别要注重施用能促使亚麻早熟、壮秆，以及提高千粒重的磷、钾肥及微量元素锌、硼等营养元素。

一、增施有机肥料

亚麻根系发育较弱，前期和中期需大量的氮、磷、钾肥，因此，应重施基肥。基肥以农家肥为主，因为农家肥在土壤里分解比较慢，是一种营养价值全面的速效和迟效兼有的有机肥料，可在较长时间内持续供应亚麻生长发育所需要的养分。不但能满足亚麻全生育期吸肥的需要，起到壮秆长麻、防止倒伏的效果，而且还有培肥地力的作用。基肥应早施，最好是从前茬培肥地力入手，就是在前作大量施入有机肥料，培肥地力，当种植亚麻时，亚麻能够及时利用土壤里已被分解好的残肥提高亚麻的产量和质量。若前茬没有施肥基础或土壤肥力较低，可在整地之前施入。施有机肥料做基肥时，农家肥一定要先发酵（熟肥）完成，一般有机肥要求发好、熟透、捣细，4万~8万 kg/hm² 做基肥，在秋翻前或春耙前均匀施入，然后耙地，浅耙 10~15 cm，将粪肥耙入土中。这样，既防旱保墒，又为亚麻生长发育创造肥多、土碎的土壤条件。由于有机肥料在土壤里分解得比较慢，所以亚麻施用有机肥料主要是用作基肥，而且要早施，可以结合整地一次性施用。

二、合理施用化肥

在施用有机肥料的基础上，合理施用化肥做种肥有显著增产效果。试验结果表明，氮、磷、钾不同配比在不同土壤类型上有不同的增产效果。轻碱土类型以 1:3:1 高磷配比，白浆土缺氮土壤类型以 2:1:1 高氮和 1:1:2 高钾配比，黑土类型 1:1:1 高氮配比，黑黏土类型以 1:2:1 高磷配比增产效果显著。在我国南方少雨的地区亚麻的 N、P、K 的施肥比可采用 2:1:1，多雨的地区可采用 1:1:2。如果有条件进行土壤养分分析，可以在施用化肥之前，首先对土壤速效氮、磷、钾含量进行检测，例如若每 100 g 土壤速效氮含量低于 8.5~11 mg，施用氮肥有增产效果，大于 14 mg 增产效果不明显，过量施用还会引起贪青倒伏。速效磷和速效钾的含量低于 1.5~3 mg 和 2.8~3 mg 时，施用磷钾肥不但增产，还有提高纤维质量和防倒伏的作用。

在北方种植亚麻使用化肥的方法一般是结合播种一次性施入土

壤。黑龙江中上等肥力土壤一般施用磷酸二铵 75~150 kg/hm^2、三料磷肥 50~75 kg/hm^2、硫酸钾 50~75 kg/hm^2，深施 8~10 cm，在播种前主要用作基肥；新疆一般肥力的地块一般使用尿素 3~5 kg/亩、磷酸二铵 8~10 kg/亩做种肥；云南一般是基肥追肥相结合，基肥每亩施用普钙 50 kg、尿素 10 kg，追肥每亩施用复合肥 25 kg、尿素 25 kg，或者每亩施尿素 25~30 kg、普钙 30~50 kg、硫酸钾或氯化钾 20~25 kg。钾肥和磷肥的施用方法是作为底肥一次施入或在亚麻快速生长期撒施。40%的氮肥为基肥或种肥施用，60%的氮肥在快速生长初期作追肥施用较好，如果使用复合肥，底肥 40 kg/亩，追肥 20 kg/亩。

三、微量元素的施用

微量元素硼、锌、铜、锰、钼等在土壤中含量很少，但却是植物生长发育所必需又是不可代替的，缺少微量元素容易发生一些病害。20 世纪 40 年代以来，在欧美发达国家已经开始生产铜肥等微量元素肥料并在亚麻生产中应用，显著提高了产量和品质。可以根据亚麻地的实际情况适量使用微量元素肥料，与常量化肥混堆、掺匀，播种时作种肥，一次性施入土壤，每亩施用硼肥 2 kg、锌肥 2 kg、硫酸铜 1 kg。也可以叶面喷施，以亚麻种子可用种子重量的 0.2%~0.3%的硫酸锌拌种（1~1.5 kg/hm^2），绿熟期可用 0.2%~0.3%磷酸二氢钾水溶液喷施（0.75 kg/hm^2），这样可以提高种子产量 20%~30%，千粒重提高 0.3~0.5 g。具体种植时可以根据当地的土壤肥力适当调整施肥量。

第三节 播前准备

一、种子准备

(一) 品种的选择

自2017年农业农村部非主要农作物品种登记办法实施以来至2024年7月，已经有103个亚麻品种在农业农村部登记，其中，油用亚麻品种55个、纤维亚麻品种37个、纤籽兼用亚麻品种11个。有些兼用亚麻品种的出麻率不高，种植时应该关注其出麻率。下面介绍几个主要的纤籽兼用品种，可以根据种植区域的生态条件进行选择。

1. 华星7号

中国农业科学院麻类研究所育成。2024年农业农村部非主要农作物品种登记号：GPD亚麻（胡麻）（2024）430010。2020—2021年在黑龙江省的哈尔滨、孙吴、兰西、黑河等地进行的两年区域试验及一年生产试验，两年试验平均亩产原茎、纤维、种子产量分别达到389.7 kg、97.2 kg、70.6 kg，分别比对照增产9.4%、13.8%和15.8%，其中，种子、纤维均增产10%以上，种子产量较突出。出麻率30.8%，比对照高0.9个百分点。经过2年的试验，该品种综合性状表现优良，可以在生产上推广应用。

此品种为纤籽兼用型常规种。生育期81.2 d；始花期早，花冠白色，花大小中，花药蓝色，花丝白色，花柱白色，花瓣相对位置重叠，萼片斑点数量中；蒴果有隔膜纤毛，种皮褐色；株高79.6 cm，工艺长度67.0 cm，单株分枝数3.9个，单株分茎数0.5个，单株蒴果数5.5个，蒴果中等大小，每果粒数9个，单株粒重0.50 g，千粒重4.5 g，中抗枯萎病。经农业农村部麻类产品质量监督检验测试中心测试，纤维强度达到232N。

2. 华星9号

中国农业科学院麻类研究所育成。2024年农业农村部非主要农作物品种登记号：GPD亚麻（胡麻）（2024）430007。2020—2021年，在黑龙江省的哈尔滨、孙吴、兰西、黑河等地进行的2年区域试验及1年生产试验。2年试验平均亩产原茎、纤维、种子产量分别达到356.8 kg、81.9 kg、88.6 kg，种子比对照品种增产44.6%，原茎和纤维比对照略减产，但是不明显。经过2年的试验，该品种种子产量表现突出，综合性状表现优良，可以作为纤籽兼用品种在生产上推广应用。

油纤兼用型常规种。生育期83.4 d；始花期为极早或早，花冠浅蓝色，花大小中，花药蓝色，花丝浅蓝色，花柱蓝色，花瓣相对位置重叠，萼片斑点数量少；蒴果无隔膜纤毛，种皮褐色；株高60.4 cm，工艺长度47.4 cm，单株分枝数4.9个，单株分茎数1个，单株蒴果数7.9个，蒴果中等大小，每果粒数9个，单株粒重0.73 g，千粒重5.1 g，高抗枯萎病。经农业农村部麻类产品质量监督检验测试中心测试纤维强度达到224 N。

3. 中亚麻3号

中国农业科学院麻类研究所育成。2013年在新疆登记，登记号新登亚麻2013年29号。中亚麻3号2011—2012年在新源县科技示范园、尼勒克县科技示范园、昭苏县科技示范园、伊犁州农业科学研究所试验田进行了新疆亚麻多点试验，2年4点平均亩产原茎产量459.4 kg，比CK1中亚麻2号增产16.7%，比CK2 TX-3增产11.1%，在参试的4个点都比对照增产；亩产纤维产量115.72 kg，比CK1增产19.23%，比CK2增产17.30%。2012年生产试验种子平均亩产为98.33 kg，比对照增产6.58%。

中等高度纤维亚麻品种。株高为85.65 cm，工艺长度68.45 cm。生育期97 d，属于中晚熟品种。叶片互生，披针形，深绿色。花蓝色，蒴果球形黄色，种皮褐色，分枝数2~3个，单株蒴果数7~8个，茎粗1.94 mm，千粒重4.87 g，出麻率30.29%，抗倒伏，抗病性优于对照。丰产、稳产、适应性好。

4. 中亚麻4号

中国农业科学院麻类研究所采用诱变航天相结合方法育成。于2020年1月21日，在农业农村部登记，登记编号：GPD亚麻（胡麻）（2019）430014。2012—2013年，在吉林省长春市范家屯、乾安、龙井等地区域试验和生产试验，原茎公顷产量6 219.8 kg，比对照吉亚2号增产12.3%；全麻公顷产量1 375.5 kg，比对照吉亚2号增产17.1%；长麻平均公顷产量920.8 kg，比对照吉亚2号增产18.5%；种子平均公顷产量298.9 kg，比对照吉亚2号增产17.3%。

纤维类型常规种。在吉林省生育期78~80 d，株高平均94.6 cm，工艺长度81.6 cm；叶片绿色，互生，披针形，上举；聚伞形花序，分枝数3~4个，蒴果数5~6个，子房5室，花浅粉色；种子黑褐色，千粒重4.9 g。长麻率19.6%，比对照吉亚2号高0.9个百分点。抗倒伏和抗病能力优于对照品种。纤维号为18#，纤维强度为235 N。

5. 中亚麻5号

中国农业科学院麻类研究所采用杂交方法育成。于2020年1月21日在农业农村部登记，登记编号：GPD亚麻（胡麻）（2019）430015。

2012—2015年在吉林范家屯、乾安、前郭、龙井等地同时进行了全省亚麻品种生产试验，对照品种为吉亚2号。4年平均原茎产量6 302 kg/hm^2，比对照增产6%；长麻产量1 082 kg/hm^2，比对照增产20.3%；长麻率19.7%，比对照高2个百分点；全麻率31.6%，比对照吉亚2号提高2.6个百分点；平均种子产量481.6 kg/hm^2，比对照增产9.9%。结果表明，该品种纤维产量高，且产量相对高产稳定,可以推广应用。4年试验及专家现场鉴评均未发现倒伏现象,即倒伏程度均为0级。

纤维类型常规种。在吉林省生长日数70~72 d。平均株高79.3 cm,工艺长度66.4 cm;叶片绿色,互生,披针形,上举;聚伞形花序,分枝数4~5个,蒴果数6~7个,花冠蓝色。种子褐色,表面光滑,千粒重4.49 g。纤维号18#,纤维强度261 N。无检疫性病害发生,抗倒伏能力强。全麻率31.1%,比对照高2.15个百分点;长麻率19.35%,比对照高1.7个百分点。

6. 华亚6号

黑龙江省农业科学院经济作物研究所、中国农业科学院麻类研究所、大理白族自治州农业科学推广研究院经济作物研究所合作育成。农业农村部非主要农作物品种登记号:GPD亚麻(胡麻)(2019)230011。

中早熟型品种,2014—2016年,在黑龙江省农业科学院民主示范园区组合品比试验中,原茎产量5 000 kg/hm^2,纤维产量1 185.3 kg/hm^2,种子产量1 350 kg/hm^2,麻率26.2%(康庆华等,2023)。黑龙江种植生育期79 d,花粉红色,茎浅绿色,叶披针形,相对较宽,株高77.1 cm,工艺长度66.4 cm,分枝4~5个,蒴果5~8个,种皮黄色,喙端褐色;千粒重5.25 g。2019年,经农业农村部谷物及制品质量监督检验测试中心(哈尔滨)检测,华亚6号籽实粗脂肪含量35.15%,亚麻酸占总脂肪酸的51.41%。经农业农村部植物新品种测试中心张家口分中心2019年和2020年2个生长周期测试,华亚6号全麻率36.5%。

7. 华亚9号

黑龙江省农业科学院经济作物研究所育成;农业农村部非主要农作物品种登记号:GPD亚麻(胡麻)(2023)230012。

2019—2020年,在黑龙江兰西、孙吴、黑河爱辉参加品种适应性试验,每公顷种子、原茎和全麻平均产量分别为993.87 kg、

5 351.7 kg 和 1 340.55 kg，分别比对照品种中亚麻 2 号增产 8.75%、13.77%和 14.52%；全麻率 31.07%，比对照品种中亚麻 2 号高 0.5 个百分点（康庆华 等，2024）。

常规种。生育期 93 d；始花期中，花冠蓝色，花中等大小，花药蓝色，花丝浅蓝色，花柱蓝色，花瓣相对位置重叠，萼片斑点数量多；蒴果无隔膜纤毛，种皮褐色；株高 104.75 cm，工艺长度 73.35 cm，单株分枝数 5.7 个，单株分茎数 0 个，单株蒴果数 15.6 个，蒴果中，每果粒数 9 个，单株粒重 0.79 g，千粒重 5.66 g。籽食蛋白含量 28.89%。含油率 35.91%。全麻率 33.60%，纤维强度 197 N。中抗枯萎病，抗旱抗倒伏性强。

（二）种子质量的管控

种子质量的好坏是保证亚麻全苗、苗壮的基本条件，在选择确定种植的适宜品种之后，使用符合质量标准的种子也十分重要。选用的亚麻种子应纯度高、无杂质、饱满、发芽率高。因此，应选用品种纯度高，净度好，发芽率高的种子做播种材料。依据农作物种子质量标准《经济作物种子　第 1 部分：纤维类》（GB 4407.1—2008）规定，亚麻原种纯度不低于 99.0%，大田用种的纯度不低于 97.0%。原种和大田用种的净度（清洁率）不低于 98.0%，发芽率不低于 85%，水分不高于 9.0%。一般情况下，例如种子的发芽率低于 85%，则不宜作种用。播种用的种子应严格清选，严格去除菟丝子、公亚麻、亚麻毒麦等恶性杂草种子。精选后的亚麻种子必须彻底清除各种草籽和检疫性病害，达标后再播种。播种前还要进行种子发芽率、净度、千粒重的检测。

二、种子处理

为防止亚麻苗期病害，提高田间保苗率，播前种子必须进行药剂处理，可用种子重量的 0.3%炭疽福美或多菌灵拌种，或者用种子重量 0.3%福美双+0.2%土菌消拌种，可以有效预防苗期病害。

三、准备播种工具

采用机械播种需要准备牵引拖拉机、可平播密植播种机（行距 15~20 cm）、镇压器。播前仔细检查全套机械的各部位，保证达到正常作业状态。调准开沟器距离，保证播种行距均匀达标，人工播种需要准备镐头、耙子、尺子、标牌、长绳等工具。做好不同种植品种的区划。

四、播种量的计算与调整

（一）播种量的计算

亚麻播种量应根据单位面积上的有效播种粒数、种子的千粒重、发芽率、清洁率进行计算，实际上在计算过程中，应把没有发芽能力的种子和杂质扣除，补以等量具有发芽能力的种子。田间损失率一般按照 35% 计算，如果是整地质量不好的地块田间损失率会更大，田间损失率根据整地质量适当调整。具体计算公式如下

$$种子发芽率（\%）=\frac{试验种子粒数-不发芽的种子粒数}{试验种子粒数}\times 100\%$$

$$种子清洁率（\%）=\frac{试验种子重量-含杂质重量}{试验种子重量}\times 100\%$$

$$田间实际播种量\ W（kg/亩）=$$

$$\frac{千粒重\times每平方米有效播种粒数}{发芽率\times清洁率}\times(1+田间损失率)$$

如果种子发芽率 98%，清洁率 95%，千粒重 4.5g，每平方米有效粒数 2 000 粒，田间损失率 35%，则

$$田间播种量=\frac{4.5\times 2\ 000\times 667}{0.98\times 0.95\times 1\ 000\times 1\ 000}\times(1+0.35)$$

$$=8.7\ kg/亩$$

(二) 播种量的调整

播种量调整前应把播种箱和排种杯中的杂物全部清除。倒入一定量的种子，行走轮转动一定圈数，根据转动圈数与播幅计算下种量，调整下种量与计划的播种量一致为止。然后到田间将播种机添加一定量的种子，验证实际播种量与计划播种量是否相符，如果不一致，则要继续调整。

第四节 播种

一、播种时间

播种期的实质在于了解亚麻各个生长发育阶段，特别是发芽、出苗期对环境条件的要求，并掌握气候、土壤等自然条件的变化规律，确定出一个既符合亚麻生长发育的要求，又能适应自然条件变化，最后获得亚麻优质高产的播期。

亚麻种子能在 1~3℃ 的低温条件下发芽，但发芽出苗慢，易得立枯病。当温度低于 1℃ 时就不能发芽。亚麻发芽出苗的速度随温度的升高而加快，温度为 20~25℃ 发芽最快。不同温度下的亚麻籽发芽试验表明，获得亚麻籽发芽的最适温度 25℃，发芽率为 93%（党玲 等，2020）。高温容易形成弱苗，发芽最快的温度并不是最适宜播种的温度。由于亚麻种子在低温下具有发芽能力的特点，有利于抢墒播种保全苗。

种子发芽过程中，掌握适宜的发芽温度是提高产品质量和产量的重要因素。亚麻幼苗出土子叶即将展开时，抗寒力较弱，遇低温易遭冻害，造成缺苗，影响产量和品质。亚麻二对真叶时对低温的忍耐能力较强，短暂的 -3℃~-1℃ 微冻对幼苗影响不大。更低或较长时间的霜冻仍可使幼苗受到损伤，甚至死亡。亚麻在生育初期能忍耐短期-8℃～-6℃的低温。

在了解亚麻播期与温度的关系时，不但要考虑亚麻种子发芽出苗对温度的要求，而且要考虑到亚麻生长发育的各个阶段，特别是纤维形成时期对温度的要求。亚麻性喜冷凉，各个生育阶段，要求的温度较低。因此，要适时早播，尤其是纤籽兼用亚麻，适时早播可以提高种子产量。因此，亚麻在平均气温4.5~5℃即可播种，在北方春旱而无灌溉的条件下，播种时土壤水分的多少、墒情的好坏成为亚麻出全苗的决定性因素。亚麻种子需要吸收超过其本身重量的水分才能发芽，因此，播种时，土壤里必须积蓄有足够亚麻种子发芽出苗所需的水分，一般要求土壤含水量不低于21%。在大田生产的条件下，只要温度适宜，土壤不过湿或存水，通气良好，土壤含水量为田间最大持水量的70%~80%，播种后即可获得全苗。因此，北方一般在3—5月气温、土壤水分适宜的情况下要及时播种。多雨地区可以适当早播，有利于抗倒伏，提高种子产量。干旱地区可以适当晚播提高原茎产量。云南、湖南等南方省（区）以秋冬播为主，少数高海拔地区可以春播。大部分地区9—12月都可以播种，但是播种时要考虑作物的轮作以及灌水情况，一般10月播种较为适宜。

二、播种密度

亚麻单位面积产量是由单位面积有效成麻株数，亦即收获时期的保苗株数与单株生产力构成，而单位面积的有效成麻株数又来源于单位面积的适宜播种量。如果播种密度过多，植株密度过大，麻株高，麻茎细，毛麻多，亚麻产量不高；如播种密度过小，密度过稀，又因保苗株数少，麻茎虽粗大，但分枝多，也会降低亚麻的产量和质量。因此，必须因地制宜地掌握适宜的播种密度，采用适当的播量和播种方法来协调亚麻个体之间的关系，做到合理密植，争取单位面积上有足够的苗数和较高的单株生产力，以期达到高产。

纤籽兼用亚麻一般有效播种粒数以 1 500~1 800 粒/m² 为宜。要根据不同种植区域的气候、土壤等条件，以及品种的株高、分枝能力和千粒重等特性适当调整播种量。如果干旱、盐碱地、整地质量差的地块，以及植株较矮、分枝能力较弱、千粒重较大的品种应适当加大播种量，雨水多、温度高的区域应该适当减少播种量。所以，纤籽兼用亚麻的播种量一般控制在 70~120 kg/hm²，可以具体情况适当调整。

繁种田的播种要大幅度减少，提高繁殖倍数。亚麻各级种子田的适宜播种量是：原原种高倍繁殖，播量 30~40 kg/hm²；原种一代加速繁殖，播量 40~50 kg/hm²；原种二代扩大繁殖，播量 60~70 kg/hm²；良种按生产用种播量 100 kg/hm² 左右。

三、播种方式

原原种高繁，采用行距 45 cm 双行条播；原种一代采用 30~45 cm 双行条播，原种二代采用 20 cm 条播；良种和生产田采用 15 cm 行距机械条播或重复播。

亚麻的播种深度以 3~4 cm 为宜。土壤墒情良好，适宜浅播，一般播深 2~3 cm；墒情差、高岗漫坡地或沙性土壤播深可适当增加 0.5~1 cm。干旱、土壤疏松的地块可以在播种前先镇压一次，播种后必须及时再次镇压。可使种子与土层紧密结合，发挥毛细管作用，提升土壤下层水分，保证种子发芽所需水分，达到出苗快、整齐、苗壮、病害轻的目的。

四、全膜覆土穴播栽培新技术

在西北干旱地区，纤籽兼用亚麻也可以借鉴油用亚麻全膜覆盖栽培技术。西北的全膜覆土穴播栽培新技术是利用穴播机或点播机来进行播种，称为穴播。穴播会使其种子的分布比较密集，种子集中在一起顶土能力也会增加，所以，地膜覆盖播种的时候必须要种植得深一点。在西北露地亚麻传统的播种时间一般是4月上中旬，而地膜覆盖可以提前到3月上中旬。因为地膜种植能够充分抓住土壤解冻返潮，所以，适宜早点播种（王利琴 等，2019）。

覆膜时选择厚度为0.008~0.010 mm，幅宽为120 cm的抗老化耐候地膜，用量90 kg/hm²左右。覆膜覆土时间一般在土壤解冻后的3月上中旬进行，采用人工或机械覆膜覆土。利用120 cm幅宽的地膜全地面平铺不开沟压膜，下一幅膜与前一幅膜要紧靠对接膜与膜之间不留空隙不重叠。覆膜时地膜要拉紧拉直达到膜面平整紧贴地面，然后再在地膜上覆一层1.0 cm左右的细绵土。覆土要均匀不留空白，地膜不能外露，以基本上看不见地膜为宜。覆土过厚不仅降低降水的利用效率，也影响播种质量，易出现浮籽或种子播在地膜上影响出苗。覆土过薄，压膜不严，容易造成苗孔错位影响正常出苗、大风揭膜和播种孔钻风失墒（强世军 等，2013）。机械覆膜覆土一体机以小四轮拖拉机作牵引动力，实行旋耕、镇压、覆膜、覆土一体化作业，具有作业速度快、覆土均匀、覆膜平整、镇压提墒、苗床平实、减轻劳动强度、有效防止地膜风化损伤和苗孔错位等优点，每台每天可完成2.7 hm²作业量，作业效率较人工提高20倍以上（刘广才 等，2012）。纤籽兼用亚麻全膜覆盖播种深度2~3 cm，行距15 cm，穴距10 cm，每穴15~20粒。如果利用前茬作物的旧膜，前茬（全膜双垄沟播玉米和全膜覆土穴播冬小麦）在播种、田间管理时尽量保护地膜，收割时贴地面收，留茬不应高于2 cm，否则，会影响亚麻的播种质量。前茬收获后，将秸秆均匀平铺在旧膜上，翌年施肥前清除。

第五节 田间管理

一、灌水

亚麻是一种需水较多的作物,特别是快速生长期到开花阶段,生长速度快,需水量最大,占全生育期总需水量的75%~80%。此阶段水分供应充足与否是决定产量的关键。为提高亚麻的产量、质量,在此期进行合理灌水是非常必要的。出苗到开花土壤持水量以80%为宜,低于40%时,亚麻生长受影响,这是亚麻生长对水分需求最多的时期,缺水对亚麻产量产生较大影响。开花末期到成熟期土壤持水量以40%~60%为宜。亚麻进入枞形末期和快速生长期,土壤含水量低于21%时需要灌水。播种后遇到干旱及时喷水灌溉1~2次,使土壤相对湿度大于75%,确保亚麻生长对水分的需求。灌水方法可以用水管深入田间漫灌或滴灌、沟灌等,也可喷灌。每次灌水必须注意要灌透、灌匀,防止涝渍和上湿下干。灌后1~2 d准时松土破除板结层。干旱地区可以采用滴灌或喷灌的方式。滴灌一般每20~30 cm铺设一条滴灌带(图3-1),喷灌可以根据水源的压力50~100 cm铺设一条喷灌带(图3-2)。

云南省秋季或冬季播种亚麻,在亚麻生长发育的整个时期,大部分种植区降雨很少或基本没有降雨,因此灌水显得尤其重要。种植亚麻的整个过程中,如没有降雨,可分别在播种后、枞形期、快速生长期、开花期分别灌一次水,有条件的地方还可以适当增加灌水次数(刘飞虎 等,2006)。水源充足的可以采用沟灌。灌水时发现地块浸湿即可停水,水平面最好不要漫过厢面,特别是在种子发芽前,以免造成种子和肥料流失,影响出苗率。

图 3-1 采用滴灌带灌水

图 3-2 采用喷灌带灌水

二、追肥

根据亚麻需肥特点,亚麻施肥要求是一要早,二要好,合理搭配氮、磷、钾比例,一般情况下播种前或播种时一次施入。但是,当苗期或开花前期,发现叶片失绿、变黄或卷曲等症状,可以结合降雨可适当追肥，以氮肥为主。当株高 15~20 cm 时，亚麻顶端低头，进入营养生长和生殖生长并进期，结合降雨追施尿素 75~150 kg/hm^2，现蕾期至绿熟期可以叶面喷施 0.3%~0.5%的磷酸二氢钾和硼砂，可以喷施 1~2 次，提高种子产量。

三、除草

杂草对亚麻为害很大。亚麻从出苗到快速生长期要经过 25~30 d，这一时期为亚麻从蹲苗到扎根阶段，亚麻苗生长慢，而杂草生长快，容易出现杂草欺苗，与苗争肥、争水、争光等现象，直接影响亚麻正常生长，以致收获时草里挑麻、拔麻费工，造成减产。为提高亚麻的产品质量，增加种麻效益，必须彻底及时拔除各种杂草，给亚麻生长发育创造一个良好的环境。目前，综合防除杂草的主要措施是人工除草与化学除草结合进行。

（一）播种灭草

春整地早进行，墒情好，草籽萌发快，杂草出土齐。采用 48 行播种机播种亚麻，并且重复播种，可收到灭草效果。

（二）化学除草

亚麻田化学除草要及时，需在亚麻出苗后 20~25 d 进行，亚麻株高约 5~15 cm，杂草 3 片真叶时进行喷药。如果错过杂草的最佳防除时期，则要加大用药量，容易产生药害。

禾本科杂草的防除应在亚麻 5~10 cm，禾本科杂草三叶期及时进行，选用高效高草能、精喹禾灵、烯草酮等禾本科除草剂，按照说明书使用即可，如果杂草过大，可以适当加大用药量。

对双子叶杂草，如苍耳、苋菜、刺菜、灰菜等，可用 56%二甲四氯钠粉剂，用量 750~900 g/hm^2，使用二甲四氯必须在亚麻高于 10 cm、杂草 1~4 叶期时使用，用药不可过量，过量容易产生药害。用药时喷洒一定要均匀，不能有重复喷洒区域。

单子叶杂草、双子叶杂草可以采用二甲四氯加上述单子叶除草剂中的任意一种，混合后喷洒，用药量同上。使用化学除草应注意：一是把握好除草时间，应在杂草 3~5 叶以前喷施；二是准确掌握除草剂用量及种类，在正常气候条件下，亩施 56% 的二甲四氯不可超过 75 g，不然易对麻苗造成药害。例如鸭趾草、卷茎蓼等恶性杂草严重为害亚麻生长时，可间隔 5~7 d 重复施用等量除草剂。在实际操作中，根据杂草群落、数量选用相应除草剂。若有芦苇，可用稳杀得；苍耳或蓼较多则用 48% 的苯达松水剂 130~180 mL/亩。

南方亚麻田的杂草种类比较多，以看麦娘、茵草、牛繁缕及碎米荠等杂草为主。由于南方亚麻的播种时间一般多在冬季，受低温影响，前期的生长速度缓慢，远不及看麦娘等杂草，要早防治。已有试验显示，芽前封土处理以 72% 都尔乳油的效果好，持效期特长，每亩施用量为 2.13 L。具体操作为在亚麻播种后，先进行镇压，随后用都尔药液均匀喷雾，做到不漏喷、不重喷。苗后防治的药剂可选择 10.8% 高效盖草能乳油、5% 禾草杀星及 17.5% 快刀乳油，用药量为 260 mL/亩，在亚麻出苗 20~30 d（此时杂草在 2~3 叶期）对水 50 kg 喷雾均能获得理想的总体防治效果。上述药剂对亚麻安全，一次喷药可控制亚麻全生育期的杂草为害。

近些年，科技工作者开展了亚麻化学除草试验。对于阔叶杂草，除了二甲四氯，还可以根据试验结果选用其他一些除草剂。李爱荣等（2015）通过试验确认阔叶杂草如藜、苦荞、卷茎蓼、反枝苋等防除每亩用 40% 的 2 甲·辛酰溴乳油 100 mL、40% 立清乳油 100 mL、30% 辛酰溴苯腈乳油 100 mL 任意一种，防效均在 85% 左右，且对亚麻生长安全。马建富等（2018）试验表明，40% 的 2 甲·辛酰溴 EC 750 mL/hm^2+30% 二氯吡啶酸 AS 900 mL/hm^2、40% 的 2 甲·辛酰溴 EC 750 mL/hm^2+48% 灭草松 AS 2250 mL/hm^2 两种组合在施药后 45 d 株防效、鲜重防效分别达到 94.51%、94.80% 和 91.01%、90.81%。因此，这两种药剂组合用水量 900 kg/hm^2，在亚麻苗高达到 7~9 cm、杂草 3~5 叶期进行均匀喷雾处理，对亚麻田阔叶杂草具有良好的防除效果，可在生产上推广使用。胡冠芳等（2018）通过 2011 年在甘肃兰州的试验以及 2012—2016 年大面积示范，从安全性和兼防效果综合评价认为，40%的 2 甲·辛酰溴 EC 1 500 mL/hm^2，或 30%辛酰溴苯腈 EC 1 500 mL/hm^2 + 108 g/L 高效氟吡甲禾灵 EC 1 500 mL/hm^2，或 10%精喹禾灵 EC 900 mL/hm^2、50g/L 唑啉草酯 EC 1 350 mL/hm^2、15%炔草酯 WP 750 g/hm^2 是苗期茎叶喷雾一次用药兼防亚麻田阔叶杂草与禾本科杂草的最佳组合，宜在亚麻生产中大面积推广应用。40%的 2 甲·溴苯腈 EC 900 mL/hm^2 在宁夏油用亚麻主产区累计示范 2 900 hm^2，对阔叶杂草的株防效和鲜重防效为 86%~97%，较不施药增产 100%~230%，较人工除草最高增产 6.9%。曹彦等（2019）在内蒙古乌兰察布市试验结果表明，30%苯唑草酮 SC 180 mL/hm^2 + 15%噻吩磺隆 WP 225 g/hm^2 株防效和鲜重防效分别达到 90.63%、77.50%，48%灭草松 AS 2 250 mL/hm^2 + 15%噻吩磺隆 WP 300 g/hm^2 株防效和鲜重防效分别达到 88.54%、92.50%，喷药后 7 d 亚麻恢复生长，对亚麻生长安全。同时，这两种混用组合防治效果好、对亚麻生长安全、用药成本低，并且提高了产量，适宜大面积推广应用。邬腊梅等（2020）研究认为，若田间杂草为阔叶和禾本科杂草混合发生，建议溴苯腈和精喹禾灵混合施用，施用剂量为溴苯腈有效成分 281.25 g/hm^2 + 喹禾灵为有效成分 90 g/hm^2，配药时先将 80%溴苯腈可溶性粉剂兑水溶解后混匀，再加入 10%精喹禾灵乳油，并充分混匀后施药；如果田间杂草较单一，仅为阔叶杂草或禾本科杂草，则可单独施用溴苯腈或精喹禾灵，施用量为溴苯腈不超过有效成分 281.25 g/hm^2，精喹禾灵为有效成分 90 g/hm^2。为了防止药害的发生，溴苯腈在施药过程中可使用防护罩喷头进行定向喷雾；另一方面，为了适应定向喷雾技术要求，建议亚麻播种时采用条播方式，可降低除草剂喷雾带来的潜在药害风险。姜延军等

(2022)为了筛选出对油用亚麻安全、对杂草防效优良的茎叶除草剂最佳喷施时期,在甘肃省泾川县田间测定了2甲·溴苯腈EC、二甲四氯钠SP和2甲·辛酰溴EC在不同时期喷施对油用亚麻生长发育的影响及对田间杂草的防效。通过对亚麻株高、鲜重、产量及控草效果综合分析看出,40%的2甲·溴苯腈EC 1 500 mL/hm^{2}在亚麻株高5 cm时喷施、56%的二甲四氯钠SP 1 200 g/hm^{2}在亚麻株高2.5~5 cm时喷施、40%的2甲·辛酰溴EC 1 275 mL/hm^{2}在亚麻株高5~10 cm时喷施,对亚麻株高的抑制作用均能在成熟期降至微弱或无影响,对亚麻鲜重的抑制作用均能提早减轻至微弱甚至无影响;亚麻生物产量分别较人工除草增加9.66%、-6.25%~-1.77%和7.19%~9.97%,亚麻籽粒产量分别较人工除草增加5.39%、-0.86%~-0.47%和-0.56%~5.45%;对阔叶杂草株防效分别达到81.82%、51.46%~73.88%和52.91%~67.21%;对阔叶杂草鲜重防效分别达到98.99%、88.96%~96.33%和91.26%~94.47%。可见,参试除草剂在上述时期喷施对油用亚麻安全、对杂草防效理想,可大面积推广。

上述试验结果主要是在不同区域的油用亚麻田中完成的,油用亚麻只注重籽粒产量,不注重亚麻的茎产量,籽纤兼用亚麻可以根据不同区域根据实际情况参考使用,应注意施药对亚麻茎产量的影响,要控制好用量或适当减量,避免产生药害。

(三)植物生长调节剂对除草剂药害缓解效应

在农业生产中,除草剂对防除杂草的为害、降低生产成本、提高生产效率具有极其重要的作用。除草剂的使用面积和使用量逐渐增大,化学除草已经成为应用广泛、必不可少的除草技术。但大多数除草剂在使用过程中,除了对杂草起到控制和防除其为害的作用外,一定程度上也会影响作物的生长发育,往往会出现作物生理生长不正常的现象,例如叶片褪绿、发育畸形、不孕、不实、植株生长发育受到抑制,严重的还会造成植株枯萎死亡。除草剂对作物的药害，已是一个影响农业稳产、增产的重要问题。

除草剂解毒剂（antidote）又称除草剂安全剂（safener），或称作物保护剂（protectant），是指在不影响除草剂对靶标杂草活性的前提下可选择性地保护作物免受除草剂的伤害，具有独特性能的化学物质。Hoffmann 于 1962 年首次提出了"除草剂解毒剂"的概念，1972 年，世界上第一个商品化安全剂 NA（1,8-萘二甲酐）由 GulfOil 公司正式推出。近年来，国内也开展了除草剂、解毒剂的相关研究。根据国内报道，施用磷酸二氢钾或氨基酸等叶面肥、生物制剂、植物内源激素赤霉素或芸薹素内酯对除草剂药害也具有一定的缓解作用。

张炜等（2018）试验研究发现，除草剂 40% 2 甲·溴苯腈 EC 乳油 900 g/hm^2、56% 2 甲 4 氯钠 SP 可溶粉剂 1 764 g/hm^2、75% 二氯吡啶酸钾盐 SP 可溶粉剂 607.5 g/hm^2、40% 2 甲·溴苯腈 EC 乳油与 5% 精喹禾灵 EC 乳油混用 600 g/hm^2+105 g/hm^2，每个处理按照产生药害剂量施药。4 种除草剂在超剂量使用时均会对亚麻的生长发育造成不同程度的抑制，生物量平均抑制率 12.96%~42.14%，叶绿素抑制率 3.70%~10.89%。以 56% 2 甲 4 氯钠 SP 药害造成的抑制作用最高，75% 二氯吡啶酸钾盐 SP 造成的抑制作用最低。选用植物生长调节剂 0.136% 赤·吲乙·芸薹 WP，处理几种除草剂药害。结果表明，各处理使用缓解剂后对于株高的缓解效应为 20.59%~114.21%，对于鲜重的缓解效应为 27.59%~194.84%，对于干重的缓解效应为 27.26%~100.63%，生物量平均缓解效应为 26.51%~136.56%，叶绿素缓解效应则达到 35.64%~101.03%。说明在除草剂药害发生后，及时喷施植物生长调节剂 0.136% 赤·吲乙·芸薹 WP 对于除草剂药害造成的生长抑制具有一定程度的缓解作用，可以调节作物生长，促进干物质积累，提高叶绿素含量，使受害亚麻达到正常生长或接近正常生长水平，最大限度降低产量损失。

(四) 菟丝子的综合防治

1. 精选种子

由于初侵染源主要来源于种子、土壤、粪肥，所以在无菟丝子的地区调种时应严格检疫，做到预防为主、综合防治。精选种子在留种时应选用无菟丝子的良种田，播种前对种子进行精选。种子精选机可除去亚麻种子中的大部分菟丝子种子。

2. 合理轮作

实行轮作建立合理的轮作制，最好与禾本科的小麦、玉米等进行轮作。在大豆田有菟丝子发生的地区禁止使用大豆茬种亚麻，一般以 4~5 年为一个轮作周期。

3. 拔除病株

在菟丝子侵染数目较少的地块，特别是采种田采用这种方法比较经济有效。

4. 土壤处理

用五氯酚钠 1 kg/亩，在播前均匀地施入土壤或随肥料播入土壤，或用 25% 的敌草隆可湿性粉剂每亩 75~100 g，加水 20 kg，在播后出苗前喷于土壤表面，可以触杀菟丝子的幼芽。

5. 种子处理

一般用地乐胺乳剂加水 25 倍，然后按种子重量的 4%~6% 拌种，防效可达 90% 以上。

6. 苗后处理

菟丝子为害较重时可在生育期间施药。喷药时间以出苗后 1 个月、6 月上旬为最佳。可用 48% 的地乐胺（仲丁灵）乳剂加水 150 倍喷施，每亩地用药液 20 kg（王玉富 等，1992）。

(五) 病虫害防治

1. 虫害

在亚麻生育过程中，防除杂草的同时还要时刻注意虫害，发现虫害应尽早防治。若发现草地螟或黏虫为害，应及时喷洒敌杀死、溴氰菊酯或敌敌畏 1 000~1 500 倍液进行药剂防治，要在 2~3 龄前及时消灭掉。

2. 炭疽病

亚麻的苗期病害主要有炭疽病和立枯病，而以前者为主，是造成苗期缺苗断条的主要原因。

(1) 症状　幼苗出土直至蒴果成熟整个生育期，亚麻各器官都能被害。在东北以苗期幼根、幼茎、子叶等被害为主。幼根上生锈色或橙黄色的长条状病斑，子叶和幼叶发病时，生圆形或半圆形有轮纹的淡褐色或淡黄色病斑，以后逐渐扩大蔓延全叶面及幼茎部分，使叶片枯死或全株死亡。生长后期发病，茎和叶片出现褐色长椭圆形病斑，中央部有红褐色黏状孢子堆，病害严重的叶片枯死，茎秆变褐，纤维易断，蒴果上也生褐色病斑，种子瘦小，黯淡无光泽，发芽力低，种皮呈黑褐色。

(2) 病原　亚麻炭疽病菌 (*Colletotrichum lini* Toch.) 属半知菌亚门。病菌腐生性较强，能在土壤中存活，并能活跃地生长繁殖。但是，当寄生在绿色植物上时，专化性却比较强，只能侵染亚麻，不侵染其他植物。病菌在寄生表皮下形成分生孢子盘，后期孢子成熟时，分生孢子盘能突破寄主表皮。刚毛黑褐色，具有 3 个横隔，分生孢子梗短，不分枝，分生孢子椭圆形，两端微尖、直或微弯，无色，单细胞。

(3) 侵染循环　病菌以菌丝体及分生孢子在种子表面或种皮内越冬，也能以菌丝体及孢子在病残组织上或土壤中越冬，成为第二次初侵染来源。因为病菌腐生性较强，收获后若将带病麻秆晾晒在将种植亚麻的轮作地或休闲地上，便能使病菌污染土壤，下一年成为该地面的初侵染来源。田间传播以雨水为主。播种带菌种子，或幼苗受土壤越冬以后病菌侵染引起幼苗发病。以后重复侵染达到地上部，幼苗受病较轻时还可能恢复，不一定死亡，成株期茎部受害严重时影响亚麻产量。本病在气候与土壤潮湿的条件下发病较重。

（4）防治方法　合理轮作，与禾本科或豆科等作物实行5年以上的合理轮作。药剂拌种，用种子重量3‰的炭疽福美或50%多菌灵可湿性粉剂拌种。

3. 立枯病

是一种通过土壤传播的真菌所引起的亚麻常见病害，全球各地种麻区均有发生，我国黑龙江省亚麻生产区常年发病率达30%左右。死苗严重时造成田间缺苗、断条，降低原茎产量。

（1）症状　亚麻立枯病主要影响幼苗。幼苗出土不久受害植株幼茎基部呈黄褐色条状斑痕，病痕上下蔓延，形成明显纹缢。受害轻者可以恢复，重者顶梢萎垂，逐渐全株枯死。在阴湿低温、土质黏重条件下发病较重，重茬、迎茬地发病也较重。

（2）病原　半知菌类丝核菌（*Corticium pratieola*）。主要由菌丝繁殖传染。初生菌丝体无色，老熟菌丝呈黄褐色，菌丝宽14 μm，肥大、呈直角分枝，分枝处较细，近分枝处有一横隔。在酷暑中有时能形成担孢子。担孢子无色，单孢，椭圆形或卵圆形，大小为（6.0~9.0）μm×（5.0~7.0）μm，能生成粗糙的菌粒。

（3）侵染循环　此病常与炭疽病混合发生。病菌以菌丝在受病的残株或土壤中腐生，又可附着或潜伏在种子上越冬，成为翌年发病的初次侵染来源。

（4）防治方法　一是实行合理轮作，避免重茬迎茬。发现病株彻底清除销毁。不在种亚麻前茬地上沤制雨露麻，对酸性土壤地块适量施用石灰，降低土壤酸碱度。二是培育抗病品种。三是药剂防治：用种子重量0.3%的70%甲基硫菌灵可湿性粉剂、50%福美双可湿性粉剂、75%百菌清可湿性粉剂或50%多菌灵可湿性粉剂拌种；在亚麻幼苗期发病，可以选用70%甲基硫菌灵800倍液、50%福美双500倍液、50%多菌灵500倍液喷雾防治，亚麻生产中可选择、交替使用（朱炫 等，2010）。

4. 枯萎病

亚麻枯萎病又名镰刀菌蔫萎病。一般发病率为1%左右，严重时可达20%。亚麻前期发病多成片或全田萎蔫，植株变褐，整个麻田像被火烧过。后期发病多点片发生，受病植株矮小，很容易从地里拔出，严重影响亚麻质量。

（1）症状　幼苗感病后叶片枯黄，茎呈灰褐或棕褐色，细缩如缢，萎凋倒伏而死。成株发病时，顶梢萎垂，先呈黄绿色，后变褐色，茎秆枯干而死，但茎仍直立不倒伏。在潮湿天气，茎基部生白色或粉红包状物（分生孢子梗及分生孢子）。病株茎基部的根系腐烂，易从土中拔出。解剖病茎可见维管束变成褐色。

（2）病原　半知菌类镰刀菌属的亚麻镰孢菌（*Fusarium culmorum* Sacl）。在被害茎上初期不生分生孢子，而在寄生组织中有纵横分布的有隔菌丝，只在后期才穿过麻茎表皮而生出粉状物，这是分生孢子及分生孢子梗。

（3）侵染循环　病菌的分生孢子和菌丝可在土壤中的有机质及残留在土壤中的病残株上腐生越冬，成为翌年初次侵染来源。分生孢子借水传播，重复侵染。病种子通过调运可远距离传播。病菌从根部侵入，在低温（侵染最适气温16~32℃）、高湿及含有机质多的土壤、酸性土壤中、重茬、迎茬时发病重。

（4）防治方法　可参照亚麻炭疽病、立枯病的防治方法。

5. 锈病

亚麻锈病是世界性病害，遍及所有亚麻产区，在我国东北、西北和西南均有发生。黑龙江省发病不严重，曾在依安、克山、哈尔滨发生过，多在油用亚麻上发病重。

（1）症状　为害亚麻的幼叶、茎秆、小枝、花梗、蒴果等部位，最初出现在幼叶和嫩茎上，只显淡黄色或橙黄色小病斑，为性孢子器和锈孢子器，因数量较少，容易被人忽视，直到亚麻生长"中期"，即开花期前后，又在秆、叶、果上产生鲜黄色至红黄色的圆形夏孢子堆，数量多，才被人注意。到亚麻生长后期，患部寄主表皮下产生褐色至黑色的不规则形斑点，为冬孢子堆，茎上特别多，叶及萼片上较少。这些冬孢子堆破坏纤维，影响品质，容易断裂。

（2）病源 本病由担子菌亚门的亚麻栅锈菌（*Melampsora lini* lev.）寄生所致。寄生范围窄，除为害栽培的亚麻外，还能为害亚麻属的野生种，是一种单主寄生的专性寄生菌，属长生活史的锈菌，形成 5 种孢子，但无中间寄主，全部生活史在亚麻上完成。

性孢子器：由冬孢子发芽产生的担子孢子侵染寄主后产生，埋生于表皮下，常形成于幼叶的气孔腔内。

锈孢子器：于性孢子器生成之后形成，出现于亚麻的叶片上，圆形，枯黄色，裸生于病叶两面，稍突起，内生很多锈孢子。

夏孢子堆：成熟时淡黄色，具有护膜，后在中央部分作不规则的开口，散出夏孢子。夏孢子球形、卵形、椭圆形至多角形，孢壁黄色，内含物呈橘黄色，在腰部（赤道带）周生芽孔，外壁生有很多小疣状突起，大小为（15~26）μm×（13~20）μm。各孢子间有棍棒状的丝状体。

冬孢子堆：生于表皮下，成熟时黑色，有光泽，椭圆形至梭形，稍突起，破坏纤维。冬孢子圆锥形、三棱形至长圆筒形，单细胞，无柄，紧密地排列在寄主表皮下层。大小为（40~80）μm×（8~20）μm。亚麻栅锈菌和其他锈菌一样，有高度专化性，有许多生理小种，国外有详细的研究，国内资料少，在应用抗病品种时要注意生理小种的变化。

（3）侵染循环 病菌以冬孢子在寄主病部越冬，翌年春季萌发产生担孢子，侵染亚麻的嫩叶和茎秆，一般感染后 2~4 周内即形成性孢子器，并再于 4~10 d 出现锈孢子器，内生锈孢子，锈孢子被风吹至亚麻上，从气孔侵入亚麻叶而形成孢子堆，散出大量夏孢子，夏孢子的传播作用很大，在气流和昆虫的作用下，到达健株,再从气孔侵入进行重复侵染。至生长后期仍在亚麻上形成冬孢子堆,并以冬孢子随病株残体越冬。

(4) 发病条件 冬孢子在 $-30℃ \sim -20℃$ 的低温下仍能越冬,锈孢子和夏孢子萌发的最低温度为 $0.5℃$,侵染的温度为 $16 \sim 22℃$,最适为 $18 \sim 20℃$,所以在我国北方寒冷地区也可以严重发病。高湿环境下发展迅速。东北 7—8 月多雨季节,正是适合发病的环境条件。地势低洼,氮肥过多,晚播田发病皆重。

(5) 防治方法 农业措施,精选种子,除去其中混杂的带病残屑。清理病残体,收获后把遗留在田间和路旁的病残体彻底加以清理烧毁,加工后的残余物不能混到厩肥中去,也必须全部予以烧毁。发病田要进行深翻,将遗留在田里难以收拾干净的病残组织深埋土中。选育和利用抗病品种,由于病菌生理专化性明显,可以通过抗病品种对抗特定的生理小种。黑龙江省农业科学院育成的黑亚号系列等一批高抗锈病品种的推广,使亚麻病害基本得到控制。

6. 白粉病

亚麻白粉病的发生不仅影响亚麻正常生长发育,造成亚麻原茎和种子产量降低,优质原茎比例下降,而且严重影响亚麻的出麻率和纤维质量。在我国黑龙江、云南、新疆等亚麻主要种植区均有发生,云南发生较重。

(1) 症状 病害一般先发生在底层叶片,逐渐向上部感染,茎、叶及花器表面上形成白色绢丝状光泽的斑点,病斑扩大,形成圆形或椭圆形,呈放射状排列。先在叶的正面出现白色粉状物即病菌的菌丝和分生孢子梗及分生孢子,以后扩大及叶的背面和叶柄,最后布满全叶。此粉状物后变灰、淡褐色,上面散生黑色小粒(子囊壳),植株逐渐失绿,最后枯死。

(2) 病原 亚麻白粉病病原为亚麻粉孢($Oidium\ lini$ Skoric),属半知菌亚门真菌。有性态为 $Erysiphe\ cichoracearum$ DC. 称二孢白

粉菌，属子囊菌亚门真菌。分生孢子梗单细胞自菌丝上长出分生孢子梗顶端着生成串分生孢子，分生孢子无色圆筒形单胞大小为（10.2~15.8）μm×（24.3~3.2）μm。

（3）侵染循环 亚麻白粉病病原菌是一种表面寄生菌，以子囊壳在种子表面或寄主病残体上越冬，翌年壳中子囊孢子在适宜的温度、湿度条件下在幼苗上侵染叶片上传播引起初次侵染，发病后由白粉状霉上产生大量分生孢子，经风雨传播，引起再侵染。一个生长季节中再侵染可重复多次，造成白粉病的严重发生。

（4）防治方法 对亚麻白粉病的防治，应因地制宜，合理运用各种防治措施。

选育、利用抗病优良品种：白粉病病原菌有较强的寄生专化性，品种不同、抗病性不同，白粉病易发地区可以选用抗白粉病品种，如华星2号、中亚麻4号等。

药剂处理：亚麻白粉病的初次侵染源主要来源于种子带菌，播前种子用药剂处理是十分必要的。亚麻白粉病病原菌敏感药剂以多菌灵最佳，用种子质量0.3%的70%多菌灵可湿性粉剂拌种，并在病害发生初期及时进行喷药，可抑制病害的发生与流行。在亚麻苗高15~25 cm喷洒甲基硫菌灵可湿性粉剂1 000倍液，或15%三唑酮可湿性粉剂1 000~1 500倍液，隔10~15 d喷洒1次，防治2~3次。在亚麻不同生育期，用40%氟硅唑EC 8 000倍液防治亚麻白粉病。亚麻白粉病的最佳药剂防治时期应从快速生长期开始，在快速生长期、现蕾期、开花期、盛花期等4个时期各防治1次，就能取得很好的防治效果，达到降低防治成本、提高经济效益的目的（何建群 等，2011）。

第六节 收获

我国大部分亚麻产区亚麻收获正是雨季,黑龙江省尤是如此,给收获保管带来一定困难,若收获不适时、保管不好,会直接影响麻茎质量和纤维品质,常常造成丰产不丰收。但只要能掌握好亚麻的成熟期,做到适时收获,并根据天气变化,采取相应的晾晒保管方法,就能保障亚麻的丰产丰收。

一、适时收获

亚麻适时收获,是保证丰产丰收和提高纤维品质的关键。收获过早,纤维成熟不足,出麻率低,麻茎叶子多,水分大,不好保管。收获过晚,纤维成熟过度,麻茎容易倒青和站干,降低麻的质量,纤维粗硬、脆弱、分裂度低,麻茎果胶质含量大,木质素增多,不好沤制。只有在亚麻工艺成熟期收获,才能提高亚麻产品质量,出麻率高,强度大,品质优良。因此,要在亚麻成熟过程中经常观察,根据麻茎、麻叶、蒴果的变化,掌握准亚麻的工艺成熟期,做到适时收获。纤维亚麻工艺成熟期的主要特征:一是麻田有1/3的蒴果变成黄褐色;二是麻茎有1/3变为黄色;三是麻茎下部叶子有1/3脱落。群众经验是"亚麻三勾黄一勾,正是拔麻的好时候",纤维亚麻的收获一定要抓住这个关键时期,不失时机地收好亚麻。种子田为了保证种子的成熟度应在完熟期收获,油用亚麻也是在完熟期进行收获,但是,对于纤籽兼用亚麻,目的是实现纤维和籽双高产。因此,要找到一个双高产的平衡点。白玉生等(1993)开展了油纤兼用亚麻的收获期试验。以试验田蒴果黄熟达到40%、55%、70%、85%、100%时收获分为5个处理,以100%成熟为对照。两年试验结果显示,与对照相比,处理Ⅲ增产7.3%,处理Ⅳ增产3.2%,但增产都达不到显著水平；处理Ⅰ减产12.6%，处理Ⅱ减产4.5%，其中，处理Ⅰ减产极显著。各处理之间互相比较，处理Ⅲ比处理Ⅰ、Ⅱ极显著增产，处理Ⅱ、Ⅳ、Ⅴ（对照）差异不明显；处理Ⅰ较其他处理减产均极显著。因此，单从种子产量而言，蒴果黄熟达到70%时为最佳收获时期，在黄熟只有40%时收获将导致减产；在85%及55%时收获与对照产量增减不显著。

  油纤兼用亚麻在蒴果40%黄熟时收获，减产极显著，这是因为此时亚麻的干物质积累还保持着较旺盛的势头，生物产量还在增加。试验结果表明，亚麻物质积累与消耗平衡、生物学产量出现峰值的时期不在完全成熟阶段，约在蒴果黄熟比例达到70%左右时。因此，确定了亚麻生物学产量峰值出现的时间，也就找到了种子、原茎产量最高的最佳收获期。试验结果表明，这一时期约在蒴果成熟达70%时，比常规亚麻收获期提前8~10 d。潘俊峰（1999）也开展了兼用亚麻收获期试验，亚麻盛花期后35 d收获，籽粒产量1 066.97 kg/hm²、原茎产量 3 645 kg/hm²、麻纤维产量1 314.34 kg/hm²、出麻率26%；盛花期后40 d收获，籽粒产量为1 209.39 kg/hm²、原茎产量 4 836 kg/hm²、麻纤维产量为1 836.58 kg/hm²、出麻率为38%；盛花期后45 d收获，籽粒产量1420.12 kg/hm²、原茎产量 4 957.5 kg/hm²、麻纤维产量2 210.56 kg/hm²、出麻率为44.5%；盛花期后50 d收获，籽粒产量 2 387.13 kg/hm²、原茎产量 5 827.5 kg/hm²、麻纤维产量2 333 kg/hm²、出麻率为44.1%；盛花期后55 d收获，籽粒产量2 318.85 kg/hm²、原茎产量 5 011.5 kg/hm²、麻纤维产量2 207.23 kg/hm²、出麻率为44%。由试验结果看出，籽纤兼用型亚麻在盛花期后50 d收获，籽粒产量和麻纤维产量最高。对亚麻籽粒产量方差分析表明，年际间和处理间的差异均表现极显著。分析其原因，年际间的显著差异由气候干旱所影响，1997年的籽粒产量最高，1998年的籽粒产量次之，1996年的籽粒产量最低。盛花期后 50 d 与 55 d 收获处理间的籽粒产量差异不显著，与 45 d、40 d、35 d 收获之间的籽粒产量差异极显著。说明在兼用亚麻盛花期后 50 d 收获籽粒产量最高，55 d 收获产量次之，最佳收获期在盛花期后 50~55 d（潘俊峰，1999）。

二、收获方式

纤籽兼用亚麻的收获方式可以根据机械设备情况以及市场情况确定。如果种植企业或个人拥有剥麻机、翻麻脱粒机、剥麻机等纤维亚麻成套的加工设备，则可采用纤维亚麻收获加工。目前，我国亚麻收获采用的机械有以下几种。

俄罗斯的 ЛК-4Д（А）型牵引式联合拔麻机，生产效率 0.6~1.0 hm^2/h，作业幅宽 1.520 m。

黑龙江省农业机械工程科学研究院绥化分院行研制的 4YZ-140 型自走式拔麻机，工作效率 0.8~1 hm^2/h，作业幅宽 1 400 mm。

佳木斯东华收获机械制造有限公司产品 4ZBS-1.5 自走式亚麻拔麻梳籽机，生产效率 1 hm^2/h，作业幅宽 1.5 m。

4ZYB-2.4 自走式亚麻拔麻机作业效率 2.2 hm^2/h，作业幅宽 2.4 m。

如果没有纤维亚麻加工成套设备，可以采用油用亚麻的收获方式。由于栽培模式与地域、种植品种与规模、作业装备与成本方面的因素，国外油用亚麻机械化收获技术及配套装备还不能完全适应国内小地块种植油用亚麻的联合收获需求。现阶段我国油用亚麻收获主要以分段收获为主，依靠小型割晒机进行人工收割、传统小麦脱粒机脱粒、人工扬场与手动筛分的组合作业方式，油用亚麻脱粒物料分离清选的劳动强度仍然很大、作业效率低，不利于我国纤籽兼用亚麻产业的持续发展。此外，我国油用亚麻主产地大部分地区采用传统小麦联合收割机进行油用亚麻联合收获尝试，但在收获过程中出现的油用亚麻茎秆与割台、滚筒严重缠绕，收获亚麻籽粒含杂率高等共性问题亟须深入研究解决。国家特色油料产业技术体系对这些问题的研究有了一些进展。目前，可以采用针对丘陵山地亚麻的割晒机（图3-3）、亚麻脱粒初清机、亚麻双风道清选机、4LZ-0.9小型丘陵山地油用亚麻联合收割机和4LZ-4.0中型丘陵山地油用亚麻联合收割机（图3-4）等多款适应不同区域油用亚麻机械化收获作业的机械收获，也可以采用经过防缠绕改进的谷物收割机。如果是有秸秆切碎装置的联合收割机，可以拆除切割部分。脱粒后剩下的亚麻秸秆可以经过沤制后利于短麻脱麻机加工短麻，也可以利用半喂入式的水稻收割机（图3-5）进行收割纤籽兼用亚麻（图3-6），收获后的亚麻茎有序铺于地表，就地雨露沤麻，可以经过沤制以后加工长麻及短麻。

注意：在使用收割机收获亚麻的时候，要尽量压低割茬，减少纤维损失。

图3-3　油用亚麻割晒机

图3-4　4LZ-4.0型地油用亚麻联合收割机

图3-5　半喂入式的水稻收割机

图3-6　半喂入式收割机收获纤籽兼用亚麻

第四章

亚麻的化学成分及其功能

第一节　种子的化学成分及其功能

亚麻籽的主要营养成分包括油脂（38%）、蛋白（19.5%）、膳食纤维（28%）、亚麻胶（4%）、木酚素（0.04%）等（王维义等，2020），亚麻籽油是利用油用亚麻籽经不同的制油方法得到的油脂，其富含 α-亚麻酸、植物甾醇、维生素 E、木酚素（SDG）等营养成分。这些营养成分使得亚麻籽油在对抗各种炎症性自身免疫性疾病、高血压、糖尿病等方面发挥着关键作用，而且还可改善神经系统状况（Punis et al.，2020）。

一、脂肪酸

（一）脂肪酸的组成

亚麻籽油中含有约73%的多不饱和脂肪酸、18%的单不饱和脂肪酸和9%的饱和脂肪酸。多不饱和脂肪酸又以 α-亚麻酸含量最丰富。受到不同产地自然环境条件、加工工艺和品种等的影响，亚麻籽油中的 α-亚麻酸含量会存在一定的差异，商业化品种的 α-亚麻酸含量39.25%~58.69%（王丽艳 等，2021；任我行 等，2017）。

张晓霞等（2017）对产自辽宁朝阳市朝阳县、内蒙古乌兰察布丰镇、河北张家口张北、陕西榆林定边、宁夏固原西吉、甘肃陇南礼县亚麻籽的含油率进行分析，结果表明，其含油率分别为36.59%、37.23%、39.46%、40.54%、42.49%和44.88%，含油率与产地的生长季积温呈显著负相关（$r=-0.8395$，$P=0.0366$）；亚麻籽油中相对含量最高的5种脂肪酸分别是亚麻酸（53.36%~65.84%）、亚油酸（10.14%~16.39%）、油酸（10.03%~12.37%）、硬脂酸（3.98%~9.85%）、软脂酸（2.41%~7.97%），不饱和脂肪酸含量高达77.51%~92.39%（张晓霞 等，2017）。

常见的食用油中α-亚麻酸含量差异较大，亚麻籽油57.78%、菜籽油11.94%、大豆油5.90%、橄榄油0.77%、玉米胚芽油0.53%、芝麻油0.29%、油茶籽油0.26%、葵花油0.08%、花生仁油未检出，以亚麻油的α-亚麻酸含量最高。虽然有研究显示，α-亚麻酸在人体内转化为EPA和DHA是一条受限制的代谢途径，它转化为EPA约为7.2%，转化为DHA的只有0.12%左右。但加拿大多伦多大学研究大鼠的大脑对DHA的需要量与α-亚麻酸合成DHA的量之间的关系中发现，α-亚麻酸合成DHA的速率是大脑吸收DHA速率的3倍，这提示了虽然从α-亚麻酸合成的DHA的量有限，但可能足够供应给大脑（Domenichiello et al.，2014）。有研究指出，当人体处于特殊时期时，α-亚麻酸的转化能力会增强，例如当女性处于妊娠期时转化率升高，这与雌激素的分泌有关，例如Mason等（2014）证明了雌激素（17β-雌二醇）能提高α-亚麻酸转化为DHA的能力（吴俏槿，2016）。

（二）α-亚麻酸的主要功能

1. 促进大脑发育和智力发育

ω-3脂肪酸是一组多元不饱和脂肪酸，是构成人类身体细胞的重要物质，是人类生命必需的营养元素，既不能用化学方法人工合成，也不能在人体内自身合成，必须从外界摄取予以补充，是人体脂肪组织的重要组成部分，包括EPA（化学名"二十碳五烯酸"）、DHA（化学名"二十二碳六烯酸"）、α-亚麻酸（化学名

"十八碳三烯酸")。其中,亚麻酸是这个家族中的"老祖母",EPA、DHA 等代谢产物则是亚麻酸的"子孙后代"(宋奇思,2016)。大脑中的脂肪,是一种构成细胞膜并在细胞中发挥重要作用的"结构性"脂肪,是人类生命的核心物质,其中,DHA 占总量的 30%(钟先锋 等,2018)。因此,亚麻酸对促进大脑发育和智力发育有较大的帮助。大脑不仅是人体的指挥部,而且也是人类的智慧所在,尤其是对于婴儿十分重要,大脑的发育是否正常,直接关系到婴儿的智力。ω-3 脂肪酸对人类的大脑发育、智力水平起着决定性作用。中国营养学会推荐,孕妇既要注意膳食脂肪总量的摄入,也要保证脂肪酸的比例适宜,其中,ω-3 脂肪酸的摄入尤为重要。

2. 降低血脂和血压,抑制心脑血管疾病

α-亚麻酸是人体必需的脂肪酸,人体不能合成,必须从食物中获得。HMG-COA 还原酶和脂肪酰辅酶 A 胆固醇脂肪转移酶(ACAT)是胆固醇合成的主要限速酶。α-亚麻酸能使 HMG-COA 还原酶活性降低,ACAT 活性升高,因而能增加类固醇分解,抑制内源性胆固醇合成,降低血清总胆固醇含量。α-亚麻酸能减少极低密度脂蛋白中的甘油三酯及载脂蛋白 B 的生物合成,降低血清甘油三酯。α-亚麻酸能抑制低密度脂蛋白的合成,抑制肝内皮细胞脂酶的活性,从而抑制高密度脂蛋白的降解,所以,能降低低密度脂蛋白水平,提高高密度脂蛋白水平,使血压降低,对于境界域高血压效果显著,而对于更高的血压或易产生出血性脑中风的状况也有一定效果(黄升谋,2010)。Morise 等(2004)用亚麻籽油和黄油饲喂大鼠,发现饲喂亚麻籽油的大鼠血浆中 TC、TG 的含量都低于饲喂黄油组的大鼠,表明 α-亚麻酸具有降低血脂的作用。李英霞等(2001)研究表明,α-亚麻酸能够明显降低血清中的甘油三酯和胆固醇。心脑血管疾病的发病原因主要是因为血栓的存在,而血栓主要是由于血管内壁的受损和血小板中的凝血因子相互作用引起的。洪衡（2003）研究证实，α-亚麻酸对血栓的形成有一定的抑制作用，主要通过对血小板膜的流动性进行改变，进而影响血小板应激后所产生的受体数量，达到抑制血栓的目的。

3. 抑制癌症发生和转移的功能

乳腺癌、肠癌等恶性肿瘤的发生与机体摄入过多的动物性脂肪有关。这些脂肪影响机体内激素的正常水平、改变生物膜流动性以及膜上各种受体的功能，也可能通过改变血小板膜磷脂脂肪酸组成，增加其凝集性而使癌细胞发生转移和增殖（司全金，2006）。Mason-Ennis 等（2016）研究发现，α-亚麻酸能抑制雌激素受体（ER）的相关活性，从而抑制人乳腺癌细胞（MCF-7）的增长。正常的人体细胞会因致癌因子破坏细胞的 DNA 而使细胞发生突变，进而发展为癌细胞。在孕育癌细胞的过程中，ω-3 不饱和脂肪酸能起到抑制、阻止的作用（康景轩，2016）。大量研究结果显示，增加 ω-3 脂肪酸的摄入量可以延缓或抑制乳腺癌、结肠癌和前列腺癌的形成和生长；同时，ω-3 脂肪酸可以显著延长晚期癌症患者的寿命，改善其生活质量，并提高化疗效果，减轻患者的痛苦及某些抗癌药物的副作用（王维义 等，2020）。Wiggins 等（2013）研究表明 α-亚麻酸可以减少乳腺癌细胞系的生长，并促进其凋亡。Wiggins 等（2015）对其机理进行探讨，发现 α-亚麻酸能通过修改乳腺癌分子亚型间不同的信号路径以及改变其基因表达抑制乳腺癌细胞系的生长。在此体外培养中，α-亚麻酸对乳腺癌细胞系基因表达的影响显著，表明 α-亚麻酸能直接影响 mRNA 的转录和蛋白质的表达。

4. 抑敏抗炎的作用

α-亚麻酸在机体内具有抑制过敏反应和炎症反应的效果。当机体发生过敏反应时，花生四烯酸（AA）的含量会上升，AA 在相关酶的作用下能产生与机体的过敏反应以及炎症反应有关的前列腺素 E2 和四烯白三烯。α-亚麻酸抑敏抗炎的主要作用机制是 α-

亚麻酸的代谢产物 EPA、DHA 与 AA 在体内发挥其功能时竞争 5-脂氧化酶，且 EPA、DHA 的竞争力要高于 AA。Shen 等（2017）研究发现，在体外实验情况下，高浓度的 α-亚麻酸具有抑制炎症反应的效果。Rallidis 等（2003）发现血脂异常的病人摄入 α-亚麻酸 3 个月后，其机体中与炎症反应相关的物质如 C-反应蛋白、血清淀粉样蛋白 A 以及白介素-6 的水平都显著降低。

炎症是人体免疫反应的正常现象。长期存在的系统性炎症会造成心脑血管疾病、癌症、糖尿病和神经系统疾病等。人体发生过敏反应主要是因为机体产生花生四烯酸，而 α-亚麻酸能够减少机体产生的花生四烯酸以及多核白细胞的含量，原因在于 α-亚麻酸的代谢产物 EPA 与花生四烯酸存在竞争作用。多数的过敏反应和慢性炎症都与血小板的凝血因子有关，α-亚麻酸对凝血因子有抑制作用，因此，α-亚麻酸对过敏反应和慢性炎症有一定的预防作用（王维义 等，2020）。早在 2007 年，Ren 等（2007）通过体外实验对 α-亚麻酸的抗炎机理进行探究，发现 α-亚麻酸能抑制亚硝酸盐和前列腺素 E2 的积累，且能以剂量依赖关系抑制一氧化氮合成酶和环氧合酶 2 的蛋白和 mRNA 的表达，这提示了 α-亚麻酸的抗炎作用可能是通过抑制一氧化氮合成酶和环氧合酶 2 mRNA 的表达来实现。上述研究说明，α-亚麻酸具有消炎作用，其抗炎作用可能存在多种途径。

5. 改善酒精性肝病

血清和肝组织活检中，ω-3 多不饱和脂肪酸（PUFA）水平低是酒精性肝病患者的共同特征。Meng 等（2016）通过构建酒精性肝脂肪变性小鼠模型研究了亚麻籽油对乙醇诱导的肝脂肪变性的潜在保护作用，发现亚麻籽油减弱了肝脏脂肪酸的摄取和甘油三酯的合成，并上调了血浆脂联素浓度、肝脂联素受体 2 表达和肝单磷酸腺苷活化蛋白激酶的激活，这说明膳食富含 ω-3 PUFA 的亚麻籽油能通过改善脂肪组织—肝轴的脂质稳态来防止酒精性肝脂肪变性。

Zhang 等 (2017) 研究了亚麻籽油对小鼠酒精性肝病衰减的可能影响,结果发现,膳食亚麻籽油显著降低了变形杆菌门的种类,以及血浆和肝组织中的 TNF-α、IL-1β 和 IL-6 水平,这表明亚麻籽油通过抗炎和调节小鼠肠道菌群改善酒精性肝病。

6. 保护视力

视觉神经细胞中 DHA 占据了 65%左右,机体缺乏 DHA 则容易引起眼部功能受损,如视力降低、视网膜反射恢复能力下降等。α-亚麻酸作为 DHA 的前体物质对保护视力有着不容忽视的作用。李英霞等(2001)研究发现,饲喂富含 α-亚麻酸的饲料可以提高仔代小鼠的视网膜电位,进而促进小鼠的视觉发育,从而证明了 α-亚麻酸对视力的作用。

二、酚类

(一)酚类物质的组成

植物油中的酚类化合物有利于提高油脂的氧化稳定性,酚类化合物包括黄酮、酚酸、木酚素、酚醇等。目前,在亚麻籽中检测出并鉴定为木酚素的物质为开环异落叶松树脂酚、开环异落叶松树脂酚二葡萄糖苷、鸟台树脂酚、松脂醇、落叶松树脂醇和异落叶松树脂醇。木酚素亦称开环异落叶松酚二葡萄糖苷,是一种与人体雌激素极相似的植物雌激素。谢冬微等(2016)测试了 221 份亚麻种质资源,亚麻籽中木酚素含量在 0.25%~6.65%,平均 1.75%。但是木酚素主要分布在亚麻籽皮中,仅有微量分布在亚麻籽油中。Khattab 等(2013)报道的超临界萃取的亚麻籽油中木酚素含量达到 32.28 μg/g。

(二)木酚素的生物活性

1. 雌激素作用和抗雌激素作用

植物雌激素在人体内可结合于两种雌激素受体(ER),即 ERα 和 ERβ 发挥雌激素效应,但与受体的亲和力远远低于雌激素,只能发挥弱雌激素效应。木酚素属于植物雌激素，植物雌激素还包括异黄酮类、香豆素类、真菌雌激素类，都是杂环多酚类化合物。同时，植物雌激素也可与 17β-雌二醇竞争性结合 ER 产生雌激素拮抗作用。因此，植物雌激素既可表现为弱雌激素作用也可表现为抗雌激素作用，具有双向性，摄入植物雌激素可以在人体内起到补充雌激素的作用；而在体内雌激素水平过高时，又会竞争结合 ER 而阻止雌激素过量作用，从而维持女性体内雌激素水平平衡。此外植物雌激素可通过提高肿瘤抑制基因的水平而提高抑癌基因的水平，降低细胞周期蛋内 DI 的含量，最后导致细胞程序性死亡（房娜，2013）。

2. 抗氧化活性和提高免疫力

抗氧化活性可以从生物体内抗氧化活性和生物体外抗氧化活性两方面测定。体外抗氧化的测定还分为以脂质的氧化降解为基础的方法、以清除自由基为基础的方法、测定待测物的还原能力的方法等。其中，清除自由基为基础测定方法简单、快速，是目前最常使用的方法。根据清除自由基的种类，可以分为两大类：一是生物体中存在的自由基主要有超氧自由基、过氧化氢等自由基。测定方法有氧自由基清除能力（ORAC）、β-胡萝卜素漂白法等各种自由基清除法；二是化学生成的自由基，主要有 ABTS 法、DMPD 法和 DPPH 自由基清除法。木酚素防治心血管疾病如动脉粥状硬化、降血糖、预防癌症等功效的内在原因可能是抗氧化作用。实验证明，木酚素可以明显提高 T 淋巴细胞转化增殖程度、产生 IL-2 活性、小鼠腹腔巨噬细胞的吞噬指数和吞噬率，从而可以提高机体细胞免疫、体液免疫能力，以及机体非特异性免疫能力。试验还观察到，随着剂量的增加，木酚素增强小鼠免疫功能的作用也增强，存在明显的量效关系（房娜，2013）。

3. 抑制酪氨酸激酶的活性

已知许多生长因子受体如表皮生长因子（EGF）、血小板源生长因子（PDGF）和胰岛素生长因子（IGF）受体等都具有酪氨酸激酶活性，可参与细胞应答包括生增殖和分化，通过抑制酪氨酸激酶活性来抑制乳腺癌细胞的生长。

三、亚麻胶

（一）亚麻胶的组成

亚麻胶别称富兰克胶，由于亚麻胶主要从亚麻籽中提取的所以又称为亚麻籽胶，主要成分为80%的多糖物质及9%的蛋白。多糖主要由中性多糖（75%）和酸性多糖（25%）构成。其中，中性多糖单元主要为木糖、葡萄糖、L-阿拉伯糖和半乳糖（6.2：3.5：1），分子量为1 200 kDa；而酸性多糖主要由650 kDa（3.8%）和17 kDa（21.3%）两个亚组分构成，主要为L-鼠李糖、D-半乳糖醛酸、L-半乳糖、L-岩藻糖（2.6：1.7：1.4：1）（Singh et al.，2011）。基于离子交换色谱偶联蒸发光散射检测器从亚麻籽胶中分离出1种中性多糖组分和6种酸性多糖组分。中性多糖组分分子量为1 300 kDa，而6种酸性多糖组分的分子量分别为756.4 kDa、718.8 kDa、505.6 kDa、457.5 kDa、354.8 kDa和593.2 kDa。单糖组成和交联分析结果显示，酸性多糖是以$\beta-1,4-$D-木糖为骨架，末端阿拉伯糖残基和可能的短链单糖连接在2/3位上；6种酸性多糖组分均具有相同的鼠李糖骨架，末端半乳糖或岩藻糖和短链中性单糖连接在0~3位，并决定了酸性多糖组分的结构特异性。亚麻籽胶含量及组成等受亚麻籽品种多样性的影响较为明显。Liu等（2016）对6个品种的亚麻籽胶进行了解析，结果发现，亚麻籽胶含量范围为9.33%~13.62%，中性多糖组分和酸性多糖组分含量范围分别为367~592 mg/g和89~181 mg/g。

亚麻籽胶具有弱凝胶特性，且与中性多糖和酸性多糖的含量、溶液浓度有关。Cui等（1996）发现，亚麻籽胶溶液在中性多糖含量高时表现出剪切变稀和弱凝胶特性，而在酸性多糖含量高时则表现出较弱的流变学特性,这与亚麻籽胶中性和酸性多糖分子量大小有关。其中,构成中性多糖骨架的阿拉伯木聚糖是亚麻籽胶溶液产生剪切变稀和具有弱凝胶特性的关键。作为一种亲水性胶体,亚麻籽胶具有良好的增稠性、乳化性和凝胶性等功能特性。

亚麻籽胶的分子量和空间构象受所在基质中离子强度的影响较大。基于多角度激光光散射检测器耦联尺寸排阻色谱和非对称流场流分馏分析的结果显示,亚麻籽胶在 NaCl 溶液中表现出致密的球形结构,分子量为 $1.5\times10^6 \sim 4\times10^8$ g/mol;而在纯水中则表现出无规则卷曲构象,分子量为 $1.6\times10^6 \sim 10\times10^6$ g/mol。亚麻籽胶含量及组成等受亚麻籽品种多样性的影响较为明显(禹晓 等,2020)。

(二) 功能特性

1. 黏度和流变性

黏度是聚合物特有的一种性质,是指聚合物占有的流体力学的体积,其大小与溶液的浓度无关。亚麻籽胶具有高吸水性,其水溶液的黏度普遍较高,但胶液黏度具体值是由亚麻籽的产地和品种决定,将产地在加拿大的 6 种亚麻籽中提取出的亚麻籽胶进行对比,结果表明差异显著。徐松滨等(2008)研究发现,亚麻籽胶的中性多糖成分表现出切应力变稀、黏度随切应力增加而减小的假塑性非牛顿流体行为,而酸性多糖成分则表现出剪切速度与切应力成正比关系的牛顿流体行为,两组分相比,酸性多糖的链柔性更强。亚麻籽胶的流变性受温度、pH 值、离子强度等因素影响。黏度随质量分数增加而逐渐增加,随温度的升高而逐渐降低;受 pH 值的影响程度较大,在酸性条件下正相关,在碱性条件下负相关,在中性条件下达到最大值。

2. 胶凝性

亚麻籽胶是一种对水有强烈亲和力的胶体,具有弱胶凝性,适当条件下可形成一种热可逆的冻胶,其胶凝性受中性多糖和酸性多糖含量、溶液浓度的影响。亚麻籽胶品种和浓度不同,表现出的黏性液体、黏弹性流体或弹性固体的性质也不同。当亚麻籽胶中的中性多糖含量高时，表现出切应力变稀和弱凝胶特性，当酸性多糖含量高时，表现出较弱的流变学特性，这种现象是因中性多糖和酸性多糖的分子质量大小不同造成。凝胶强度随溶解温度的上升而增强，pH 值在 6~9 时对凝胶强度的影响最大。NaCl 可以降低亚麻籽胶溶液的凝胶强度，复合磷酸盐也有着同样作用；加入不同质量分数的 $CaCl_2$ 对凝胶强度也会产生影响，低质量分数增强凝胶强度，高质量分数降低凝胶强度（白英 等，2020）。

3. 乳化性

乳状液具有乳化性是因为其中含有多糖。多糖中含有疏水基团或结合蛋白，通过增加连续相的黏度，并使其具有一定的屈服值，有效减少分散粒子之间的膨胀接触，避免抱团聚集，乳状液得以具有乳化稳定性。亚麻籽胶的乳化稳定性会随着质量分数的增加和溶解温度的升高而增强，随着乳化油量的增多而下降，但是，贮存温度升高会导致亚麻籽胶不稳定。

亚麻籽胶能够替代蛋白质乳化剂，构建稳定的水包油型乳液体系，亚麻籽胶溶液的表面活性和乳化稳定性在去除蛋白质后明显减弱。经试验提取出的并不是纯亚麻籽胶，其中，还会含有一定量的亚麻籽蛋白，但是，很多人认为这种混合体系对亚麻籽胶的乳化特性可以起到协同增效作用。

（三）亚麻胶的生理功能

1. 调节肠道菌群和减肥作用

亚麻籽胶作为一种水溶性膳食纤维，是其调节肠道菌群和抑制肥胖的关键。前期体外实验结果证实了亚麻籽胶具有较高的结合胆汁酸能力，并诱导肠道短链脂肪酸的产生，从而表现出降低肠道胆固醇吸收的潜力。新近的研究发现，适宜的亚麻籽胶摄入能够抑制高脂喂养大鼠的肥胖效应，其作用机理与抑制肠道硬壁菌门丰度和硬壁菌门/拟杆菌门比值，并调节特定菌群如梭菌属的生长有关。

2. 降血糖和降血脂活性

Kristensen 等（2013）还发现，亚麻籽胶能够抑制青年男性受试者餐后血脂水平和食欲，但对随后的能量摄入无影响。关于亚麻籽胶对餐后血脂和血糖的改善作用均基于健康的受试动物或人群获得，但亚麻籽胶能否在特定的病理生理条件下，如肥胖、胰岛素抵抗和糖尿病，发挥其降血糖和血脂活性仍待进一步研究证实（禹晓 等，2020）。

3. 抗氧化和抑菌特性

体外抗氧化活性结果表明，亚麻籽胶多糖具有较显著的 DPPH 自由基清除能力（IC50 = 2.5 mg/mL）、ABTS$^+$ 自由基清除能力（当亚麻籽胶浓度为 40 mg/mL 时，ABTS$^+$ 的抑制率为 75.6%）、还原能力（5 mg/mL）、抑制 β-胡萝卜素-亚油酸氧化能力（IC50 = 10 mg/mL）（Bouaziz et al., 2016）。这可能与亚麻籽胶提取物中也含有一定量的木酚素、酚酸等内源性酚类抗氧化剂有关。此外，亚麻籽胶与其他亲水性胶体联合能够表现出一定的抑菌特性。高鹏飞（2017）利用阴离子多糖亚麻籽胶和阳离子多糖壳聚糖作为自组装材料，自组装膜的形成（pH 值 7，10~10.5 个双层，电负性）具有明显抑制奶豆腐表面微生物增殖的效应，且能够保持奶豆腐良好的感官品质。

四、蛋白质

（一）蛋白质的组成

亚麻籽蛋白质含量高，主要由球蛋白（11S、J2S）和白蛋白（1.6S、2S）组成，球蛋白和白蛋白分别占总亚麻籽蛋白的 56%~73.4% 和 20%~42%，其天冬氨酸、谷氨酸和精氨酸含量较高。亚麻籽蛋白具有比大豆分离蛋白或油菜籽蛋白更低的赖氨酸/精氨酸比率，其比率可低至 0.25，这有利于开发婴幼儿食品或者作为改善心脏健康的营养补充剂。亚麻籽蛋白具有与大豆分离蛋白相当的氨基酸模式，含有人体所必需的 8 种氨基酸，是一种优质的植物蛋白（李赫 等，2019）。亚麻籽蛋白质的氨基酸种类多，含有动物机体所需的各类必需氨基酸。其中，精氨酸、缬氨酸含量较高，蛋氨酸、赖氨酸含量相对较少。作为亚麻籽制油后的副产物，亚麻籽饼粕中氨基酸的含量相对于亚麻籽有所提升。亚麻籽及其饼粕中含有的亮氨酸、异亮氨酸、缬氨酸等高支链氨基酸以及低芳香族氨基酸对于患有癌症的病人有特殊生理意义，同时，其含有的赖氨酸和组氨酸有利于提高动物机体免疫力（郝京京 等，2020）。

蛋白质的功能特性是指食品体系在加工、贮藏、制备和消费期间影响蛋白质在食品体系中性能的物理和化学性质。蛋白质的应用主要取决于蛋白质的功能特性。食品品质的高低在很大程度上取决于组合物的特性，与其他食物成分相比，蛋白质的功能特性是不可替代的。

（二）蛋白质的特性

1. 热变性

食品中蛋白质的功能特性通常是由蛋白质的结构决定的，加热可以改变蛋白质的结构，因此，热处理可能会影响蛋白质的功能特性，可以使用差示扫描量热法监测加热时蛋白质分子的结构变化以获得热转变温度（即变性温度）。亚麻籽粉中蛋白质变性温度随含水率变化呈抛物线状，当样品含水率为 10% 时，亚麻籽粉中蛋白质变性温度最高为 140.86℃。与油菜籽蛋白（12S 球蛋白变性温度为 81℃、2S 清蛋白的变性温度为 60℃）相比，亚麻籽蛋白具有更好的热稳定性。

2. 乳化能力

亚麻籽蛋白具有作为乳化剂的潜力。酸性环境下有利于提高亚麻籽蛋白的乳化能力（84.76 mL/g）和乳化活性（88.37%）。Kaushik 等（2016）将亚麻籽蛋白的乳化特性与酪蛋白酸钠、乳清蛋白、明胶以及大豆分离蛋白作比较，发现亚麻籽蛋白具有更高的乳化活性指数（375.51 m²/g）以及乳化稳定性指数（179.5 h），其平均乳液液滴大小顺序是酪蛋白酸钠<亚麻籽蛋白<乳清蛋白<明胶<大豆分离蛋白。

3. 发泡性和保水性

发泡性主要是指蛋白在加工过程中泡沫体积的增加率，而泡沫稳定性是指泡沫在一段时间内保持其体积稳定的能力。亚麻籽蛋白的发泡性以及泡沫稳定性与蛋白浓度以及溶液的pH值有关。在亚麻籽蛋白浓度为0.1%~0.8%，提高蛋白浓度能增强发泡性以及泡沫稳定性；在等电点附近，亚麻籽蛋白的发泡性最差但具有最强的泡沫稳定性。研究从双液相萃取粕（TPS）和正己烷单相萃取粕（SP）提取的分离蛋白的发泡性，发现与大豆分离蛋白的发泡性（36.7%）和起泡稳定性（29.2%）、SP分离蛋白的发泡性（124%）和起泡稳定性（62.5%）相比，TPS分离蛋白的发泡性（139%）和泡沫稳定性（72.7%）更具有优势。因此，双液相技术也能明显改善亚麻籽蛋白发泡性以及泡沫稳定性。

4. 可溶性

对于可溶性蛋白质的表征，溶解度是影响蛋白质功能特性的因素之一。由于pH值会影响蛋白结构的分子间相互作用，因此，亚麻籽蛋白的溶解度主要取决于pH值。pH值对亚麻籽蛋白溶解度的影响呈典型的"V"形曲线。在pH值2~7的范围内，对蛋白质溶解度的影响相对较小；在pH值7~11的范围内，对蛋白质溶解度的影响较大。赵国华等（2009）发现，盐浓度也能影响亚麻籽蛋白的溶解度，当NaCl浓度为0.4 mol/L时，亚麻籽蛋白具有明显的盐溶与盐析效应。

五、亚麻籽活性肽的生理活性

肽是氨基酸以酰胺键相连而形成的化合物，一般分为寡肽（含有10个以下的氨基酸残基）和多肽（含有10~50个氨基酸残基)。由于肽在机体内具有一定的生理活性,例如抗氧化、降血压、降胆固醇、提高免疫力以及抗癌等活性,因此,被称为活性肽。活性肽一般是通过酶解蛋白而得到的。亚麻籽活性肽的生理活性包括如下内容。

(一) 抗氧化活性

自由基参与许多生理和病理过程,是机体正常生长代谢的中间产物。这些自由基可与体内的抗氧化酶以及其他抗氧化剂发生作用而被清除。因此,在正常状态下,机体内自由基维持在一定水平并处于动态平衡时,并不会对组织、细胞的功能造成损伤;但是,当机体内自由基过多而不能被清除时,自由基会与机体内的蛋白质、核酸等生物大分子发生氧化应激反应,生成大量的氧化物或者过氧化物,会导致许多非传染性慢性疾病的发生,如动脉粥样硬化、糖尿病以及癌症等。利用胰蛋白酶酶解亚麻籽蛋白得到酶解产物主要由 238~556 Da 的低分子量肽组成。Hwang 等 (2016) 利用不同的超滤膜分离亚麻籽蛋白酶解产物后分析不同组分的抗氧化活性,其结果表明,1~3 kDa 的肽与维生素 C、维生素 E 和丁基羟基茴香醚 (BHA) 相比,具有更好的抗氧化活性。同时,发现小于 1 kDa 的肽能更好地抑制脂质的过氧化。

(二) 降胆固醇以及血糖活性

活性肽降胆固醇主要依赖于末端氨基酸和疏水性氨基酸的比例。郑睿 (2016) 探讨了亚麻籽蛋白酶解产物的降胆固醇活性,并利用基质辅助激光解吸电离飞行时间质谱 (MALDI-TOF-MS/MS) 解析了 4 种具有降胆固醇活性的亚麻籽活性肽结构,即 RGG-PGAPAPPR、QPPAMKNAPR、KGGLIAFAFVR 和 CLYLDVSATTR。通过分析其结构,可以得知 N 末端上均为精氨酸;其次是疏水性氨基酸所占比例比较高。活性肽降血糖的作用机理是促进细胞对葡萄糖的利用,加速糖原分解。

(三) 降低高血压活性

抑制机体内的血管紧张素转化酶（ACE）可以起到降血压的功效。ACE 能去除血管紧张素 I 碳末端的组氨酸、亮氨酸，进而生成有血管收缩活性的血管紧张素 II，同时，使舒缓激肽丧失活性，引发机体内血压的升高。而食物蛋白中的活性肽已被证明可用作轻度或中度 ACE 和肾素活性的抑制肽。亚麻籽蛋白中富含丰富的精氨酸，其含量可高达 11.2%，在血管内皮中存在时，可使血管舒张，从而达到降血压的目的。

(四) 抑制微生物活性

抗微生物肽作用于多种病原微生物，如细菌、真菌和病毒。抗菌肽是绝大多数机体内先天免疫系统的组成部分，其可以通过与特定的靶细胞结合来调节 DNA 序列的复制、转录和翻译过程，从而阻止微生物细胞的繁殖和生长。另外，抗菌肽具有重要的免疫调节作用，这使得其能在宿主防御中发挥重要作用。Hwang 等（2016）测定了亚麻籽蛋白酶解产物的抗菌性，结果表明，分子量低于 1 kDa 的多肽组分具有更强的抗菌活性，特别是能够抑制铜绿假单胞菌以及大肠杆菌的生长。

(五) 免疫抑制作用

亚麻籽环肽是一种天然的疏水性环肽，存在于亚麻籽以及亚麻籽油中，具有免疫抑制活性以及抑制破骨细胞分化的特性。

亚麻籽蛋白及其活性肽具有维持人体健康的多功能活性，从亚麻籽饼粕中制取纯度高、活性好、安全性强的活性肽具有潜在的商业价值（李赫 等，2019）。

六、膳食纤维

膳食纤维是不能被人体消化系统内消化酶所消化的植物细胞壁多糖。膳食纤维通常按其在水中的溶解性分为可溶性和不可溶性，不同的纤维有不同的生理作用。亚麻籽中膳食纤维占 28%，其中，

2/3是由纤维素和木质素构成的不可溶性膳食纤维，1/3是由亚麻胶构成的可溶性膳食纤维。

亚麻籽膳食纤维是一种理想的绿色纯天然保健食品。它能增加胃部饱满感，减少食物摄入量，起到预防肥胖症的作用；能通过改变肠内菌群的构成与代谢，诱导大量好气菌的繁殖，从而对预防结肠癌与便秘方面有重要的作用；能通过降低胆固醇和血脂，对预防和改善冠状动脉硬化造成的心脏病具有重要的作用；可以改善末梢组织对胰岛素的感受性，降低对胰岛素的要求；还具有预防胆结石、乳腺癌等生理作用。因而亚麻籽膳食纤维作为功能性成分，既可直接食用，也可用于功能性食品的加工（黄海浪 等，2006）。

七、植物甾醇

植物甾醇是油脂中不皂化物的主要成分，其化学结构类似于胆固醇，仅侧链结构有所差异，广义上分为4-去甲基甾醇、4-甲基甾醇和4,4′-二甲基甾醇3类。亚麻籽油中主要是4-去甲基甾醇，如β-谷甾醇，而后二者的含量则相对要低得多（Herchi et al.，2009）。植物甾醇具有较好的降胆固醇能力，可通过抑制肠道对胆固醇的吸收，进而有效降低血浆总胆固醇和低密度脂蛋白水平（Ryan et al.，2007）。冯妹元等（2006）研究表明，亚麻籽油中植物甾醇的总量为44.183 mg/kg，其中，包括23.750 mg/kg的β-谷甾醇11.206 mg/kg的菜油甾醇5.353 mg/kg的豆甾醇以及0.933 mg/kg的菜籽甾醇。禹晓等（2018）报道我国不同产区不同品种亚麻籽油中植物甾醇的含量范围为34.0~59.6 mg/kg。

八、维生素E

维生素E是一种脂溶性维生素，是一类具有抗氧化活性、化学结构相似的生育酚、生育三烯酚及其衍生物的总称。亚麻籽油中的生育酚主要以α-、γ-、δ-生育酚形式存在，其中，γ-生育酚占比约90%，并以该活性形式负责保护细胞脂肪和蛋白质免受氧化。不同产区亚麻籽油中的生育酚含量有所差异。如马其顿冷榨亚麻籽油的总生育酚含量为6.97 mg/kg；克罗地亚冷榨亚麻籽油的总生育酚含量为7.76~9.36 mg/kg（赖玉萍 等，2022）。

九、类胡萝卜素

亚麻籽油中还含有一种脂溶性色素类胡萝卜素，主要以α-胡萝卜素、β-胡萝卜素、叶黄素以及玉米黄质等形式存在。类胡萝卜素作为维生素A（原蛋白A）的前体物，可通过去除自由基来保护人体免受氧化应激。Franke等（2010）在冷榨亚麻籽油中检测到0.04 mg/kg的类胡萝卜素；但未在精炼油中检出类胡萝卜素，这可能与类胡萝卜素在各个精炼步骤中被除去有关，例如在脱色过程中类胡萝卜素被吸附损失，脱臭过程使类胡萝卜素发生热变质而引发损失（赖玉萍 等，2022）。

十、风味物质

植物油中的挥发性成分主要由醇类、醛类、酮类、酯类、酸类、烃类、烷烃类、杂环类等化合物组成。初步判断亚麻籽油的成分可能是由多元不饱和脂肪酸或蛋白质的氧化反应产生的醇类、醛酮类、酯类、烃类、烷烃类、吡嗪类、呋喃类、酸类以及其他一些含硫的小分子化合物等组成，这些物质的含量对亚麻籽油风味有重要影响。

目前，对亚麻籽油风味方面的研究主要集中于原料、温度、工艺条件等因素对亚麻籽油风味的影响。其中，工艺条件和压榨温度是影响亚麻籽油风味的主要因素。醛酮类化合物来源于油脂的分解或氧化，醛类和酮类均能赋予植物油产品一定的特殊果香味，结果显示，醛酮类是构成毛油浓厚烤香味的主要物质。韩玉泽等（2021）对青海40种亚麻籽油挥发性成分进行鉴定，共发现58种挥发性物质，其中，醛类物质占比最高。Wei 等（2018）发现己醛、(E,E)-2,4-庚二烯醛、(E,E)-2,4-戊二烯醛、1-己醇等物质是区分冷榨、热榨及溶剂萃取亚麻籽油的关键挥发性化合物。由于冷榨亚麻籽油的低温工艺可以很大程度上保留其营养成分，因此，受到更多消费者的青睐。于文龙等（2019）利用顶空固相微萃取结合气相色谱—质谱—嗅闻技术鉴定出己醛、1-辛烯-3-醇、壬醛、乙酸、己酸等醛醇类化合物是冷榨亚麻籽油的主要呈香物质。

第二节　根茎叶的活性成分及其功能

一、茎叶的活性成分

亚麻茎叶中含绿原酸、荭草素、异荭草素、牡荆素、异牡荆素等黄酮类物质。亚麻叶来源广泛，较金银花、牡荆等药用植物来源易得且价格低廉，将其作为荭草素等黄酮类活性成分的提取原料具明显的经济效益。赵爱萍等（2016）利用甲醇提取、超声（300W，40 kHz）处理、微孔滤膜滤后，采用 HPLC 法测定亚麻叶中绿原酸、荭草素、异荭草素、牡荆素、异牡荆素含量分别为 1.00%、0.35%、1.39%、0.45%、0.08%。郭亮等（2023）改用乙醇进行提取，同时，引入乙醇浓度、提取温度、提取次数、液料比等因素，使用 C_8 色谱柱，以梯度洗脱的方法测定提取量，通过正交试验进行优化，获得一种以绿原酸、荭草素、异荭草素、牡荆素、异牡荆素为指标的最佳提取工艺，确定的最佳提取工艺为乙醇溶液浓度 75%、料液比 1∶15（g/mL）、提取次数 2 次、提取时间 1.5 h、温度 80℃。针对不同成分的绿原酸、荭草素、异荭草素、牡荆素、异牡荆素的最高提取量分别为 21.12 mg/g、9.87 mg/g、

1.26 mg/g、1.31 mg/g、52.49 mg/g。

二、茎叶的活性成分的主要功能

(一) 绿原酸

绿原酸是植物经光合作用合成的一种苯丙素类似物，一种具有多种生物活性的化合物，能够调节机体相关信号通路，减轻炎症反应，提高免疫力，减轻氧化应激反应，抑制病原菌生长，改善肠道微生物菌群，其药理作用广泛。在食品、医药和化工等领域均有应用，其分子结构中含有酯键、不饱和双键等多种不稳定结构，容易被氧化，见光、受热都容易使其活性丧失，在酸性环境中比较稳定，有抗癌、降血脂、抗氧化、降血糖、抗紫外光与辐射、抗菌、免疫调节等作用。随着科技的进步、研究的深入，其抗肿瘤活性逐渐被重视。绿原酸具有抗肿瘤作用，对肺癌、肝癌、乳腺癌、鼻咽癌、结肠癌、宫颈癌、胃癌、口腔癌、白血病、视网膜母细胞瘤、黑色素瘤、皮肤癌等发病率较高的肿瘤均表现出较好的防治效果。绿原酸的抗肿瘤作用机制可能与其阻滞细胞生长周期，抑制肿瘤细胞增殖，诱导肿瘤细胞凋亡，抑制肿瘤血管生成、抑制转移、抑制端粒酶活性、调节免疫、逆转肿瘤细胞多药耐药等作用有关（杨晓丽 等，2018）。

(二) 荭草素

荭草素（Orientin）对链脲佐菌素（STZ）诱导的糖尿病心肌损伤可以发挥保护作用，外源给予荭草素能够显著减轻高糖诱导的心肌细胞氧化应激损伤。荭草素能够通过激活 PGC-1β 在小鼠糖尿病心肌病模型中发挥抗氧化应激作用，从而减轻心肌损伤（王倩 等，2021）。荭草素可浓度依赖性地减少细胞脂滴的积累及细胞内甘油三酯（triglyceride，TG）的含量，但对细胞活力无明显的影响（$P>0.05$）。胰岛素抵抗状态下，荭草素明显增加脂肪细胞对 2-脱氧葡萄糖的摄取（$P<0.05$），明显上调腺苷酸活化蛋白激酶、

乙酰辅酶 A 羧化酶（ACC）的磷酸化水平（$P<0.05$），促进葡萄糖转运体 4 的向膜转位及表达。荭草素抑制前脂肪细胞的分化，同时，荭草素通过上调 AMPK/GLUT4 信号途径相关蛋白的表达，促进了细胞对葡萄糖的摄取，达到改善胰岛素抵抗的作用（何彦峰等，2017）。

采用荭草素和异荭草素标准品，通过测定两者对 DPPH·、ABTS$^+$·、H_2O_2、·OH 自由基的清除率，脂质过氧化，Cu^{2+}/H_2O_2 诱导的牛血清蛋白（BSA）和 DNA 氧化损伤及 BSA 蛋白羰基化的抑制作用来评价二者的抗氧化活性，另外，用 MTT 法评价了二者对人肝癌（HepG2）细胞生长的影响。结果表明，荭草素和异荭草素均可清除自由基，抑制脂质过氧化、BSA 和 DNA 氧化损伤和 BSA 羰基化，且一定浓度范围内异荭草素的抗氧化活性强于荭草素；另外，荭草素和异荭草素可显著抑制 HepG2 细胞增殖，并呈浓度和时间依赖性，且异荭草素的抑制率高于荭草素，说明异荭草素是优于荭草素的、有抗癌功效的天然抗氧化剂（袁莉 等，2013）。

（三）异荭草素

异荭草素在抗肿瘤方面具有较好的作用，并且毒性较低。异荭草素可以抑制肝母细胞瘤的增殖。Czemplik 等（2016）通过 MTT 法研究发现，较高浓度的异荭草素可以显著抑制人乳腺癌 MCF-7 细胞的增殖。抑制肿瘤细胞增殖也可通过将细胞阻滞在某一时期实现，细胞周期受周期蛋白依赖性激酶（CDKs）、周期蛋白抑制剂和周期蛋白共同调控。Yuan 等（2013）通过研究 MAPK 信号通路调节人肝母细胞瘤发现，80 μmol/L 异荭草素处理 48 h 可诱导 ERK1/2 激酶失活和 JNK、p38 激酶活化，进而抑制 Bcl-2 蛋白的表达，激活 caspase-3 蛋白，最终导致 HepG2 细胞发生凋亡。异荭草素可通过抑制 Akt 的磷酸化阻断 PI3K/Akt 途径增加叉头样转录因子 O4 的表达，显著降低抗凋亡蛋白 Bcl-2 的表达，并增加促凋亡蛋白 Bax 的表达，进而诱导 HepG2 细胞凋亡。异荭草素处理 HepG2 细胞 24 h，可显著增强 caspase-9 和 caspase-3 蛋白的表达；处理 48 h，可显著提高 HepG2 细胞的乳酸脱氢酶水平。此外，通过 RT-PCR 和 Wester 蛋白印迹法发现，异荭草素可显著增加 Bax/Bcl-2 比率，促进 HepG2 细胞的凋亡（张彤 等，2019）。

异荭草素具有改善糖尿病的功能。Sezik 等（2005）通过大鼠腹腔一次性注射链脲佐菌素（55 mg/kg 体重），选择性破坏胰岛 β 细胞，促使大鼠体重下降且血糖血脂显著升高，以此作为大鼠糖尿病模型考察异荭草素的药理效果。每天给糖尿病大鼠灌胃异荭草素（15 mg/kg 体重），持续 15d 后发现异荭草素有效降低了血糖（77%）、血脂（50%）以及胆固醇（35%）含量，大鼠体重也得到一定程度恢复。

（四）牡荆素

牡荆素是一种天然黄酮类化合物，具有较强的抗氧化、抗炎等生物学功能，可有效清除体内的氧自由基，还可以改善血液循环，降低胆固醇，抑制炎性生物酶的渗出，并具有抗心肌梗死、抗菌、抗肿瘤等药理作用，目前应用于各大疾病的防护与治疗中。

天然化合物制成的药物在对癌症、脑损伤、心肌缺血再灌注损伤等其他疾病进行治疗时基本都会通过信号传导途径进行调节。牡荆素在治疗部分疾病时会在信号传导途径中阻止细胞凋亡，而治疗癌症时诱导肿瘤细胞凋亡是最终目的（盛亚男 等，2021）。

（五）异牡荆素

异牡荆素具有抗氧化、抗炎、抗凋亡、刺激癌细胞凋亡、改善肝损伤、心肌保护等功效。玄鸿雁等（2023）研究表明，异牡荆素（IVX）可能通过上调细胞中微小 RNA-107（miR-107），抑制细胞周期蛋白 D1（CCND1）表达，进而抑制胰腺癌（PCa）细胞的增殖、迁移和侵袭，并诱导细胞凋亡。乔倩等（2020）通过试验验证异牡荆素高、低剂量组血清中 ALT、AST 和 MDA 活性显著降低，SOD 活性显著升高（$P<0.05$）；异牡荆素高、低剂量组能明显降低炎症因子白细胞介素（IL）-1β、IL-6 和肿瘤坏死因子（TNF）-α 的水平并且提高 IL-10 的水平（$P<0.05$）；HE 染色结果显示，与 TAA 模型组比较，异牡荆素高、低剂量组能够明显减轻 TAA 诱导所致的肝细胞破碎、坏死，高剂量组保护作用较好（乔倩 等，2020）。

三、根的活性成分及其功能

梁志等（2005）采用硅胶柱色谱法从亚麻根中分得 5 个化合物，通过波谱分析和甲醇酸水解鉴定了它们的结构，分别为亚麻脑苷脂 Linum-cerebrosidem A（1）、1-O-β-D-glucopyranosyl-（2S,3RD,4E,8Z）-2［（2R-Hydroxyhexadecanoyl）amido］-4,8-octa-decadiene-1,3-diol（2）、胡萝卜苷（2）、花生酸（3）和 ent-kau-rane-3-oxo-16α-17-diol（4）。其中，化合物 1 为新化合物，化合物（2）、（3）、（4）均为首次从该植物中分离鉴定出。苷脂的作用主要包括保护神经细胞、修复脑组织细胞、加强记忆力、提升手眼协调能力、缓解脑血管疾病等。当身体出现疾病时，需要到正规医院进行检查，以针对症状进行治疗。保护神经细胞，脑苷脂可以阻断兴奋氨基酸对大脑细胞的毒性作用，同时，可以减少神经元的死亡，从而起到保护神经细胞的作用；修复脑组织细胞，脑苷脂能够促进神经系统损伤后脑组织的修复，具有调节作用；加强记忆力，脑苷脂是神经连接功能的关键，而神经连接有助于信息传递，因此，具有加强记忆力的作用；提升手眼协调能力，脑苷脂可以提升手眼协调能力，尤其是对精细动作的发育具有积极意义；缓解脑血管疾病，脑苷脂对缺血性脑损伤具有保护作用，能够减轻水肿，从而起到缓解脑血管疾病的作用。

孙建龙等（2009）运用硅胶柱色谱进行分离纯化，通过理化性质和波谱分析鉴定结构。从亚麻根中化学成分中分离鉴定了 10

个化合物，分别为香草酸、丁香酸、黄嘌呤、牡荆苷、异香草醛、(E)-3,3'-二甲氧基-4,4'-二羟基-1,2-二苯乙烯[(E)-3,3'-Dinethoxy-4,4″-dihydroxystilbene 6]、2-甲氧基对苯二酚-4-β-D-吡喃葡萄糖苷、β-谷甾醇和豆甾醇（8和9）混合物、盐酸小檗碱，其中，香草酸、丁香酸、黄嘌呤、牡荆苷、异香草醛、(E)-3,3'-二甲氧基-4,4'-二羟基-1,2-二苯乙烯、2-甲氧基对苯二酚-4-β-D-吡喃葡萄糖苷、β-谷甾醇和豆甾醇混合物、盐酸小檗碱是首次从亚麻中分离得到的化合物。这些成分显示了亚麻根不仅在农业领域重要的应用，在医药和保健品领域也展现出其独特的价值。孙建龙等（2011）采用纯净水提取、溶剂萃取、大孔吸附树脂和硅胶柱色谱分离等方法从亚麻根中分离出5种微量化学成分，并纯化亚麻根的微量成分通过波谱分析鉴定化合物的结构。结果表明，从亚麻根中得到5个微量成分，分别为E-3-甲基-2',5-琥珀酰亚胺-5-肟（1）、次黄嘌呤（2）、壬二酸-1',9（3）、亮氨酸（4）和异亮氨酸（5）。其中，（4）、（5）是2个化合物的混合物。化合物（1）为1个新的琥珀酰亚胺衍生物，化合物（2）~（5）是首次从亚麻根中分离得到。

第五章

兼用亚麻茎的综合利用

第一节 纺织利用

一、兼用亚麻纤维的可纺性

亚麻纤维是现代纺织工业的主要原料之一,因亚麻织物具有许多优良的独特性能,越来越受到广大消费者的重视与喜爱。在纺织上有些企业或学者根据亚麻的不同用途,将亚麻分为亚麻(纤维用亚麻)和胡麻(油纤兼用或油用亚麻)(俗称,这是一些油用亚麻产区的习惯称谓,有的文章甚至将纤维亚麻的茎和副产物归为胡麻)两种。

(一)亚麻纤维的化学成分

亚麻纤维的化学成分与纺织加工关系十分密切。一般在亚麻纤维化学脱胶过程中,希望纤维素中果胶、半纤维素的质量分数越低越好,因为果胶物质中的果胶酸钙、镁盐、半纤维素中的葡萄甘露聚糖等对碱都有较高的稳定性(蒋少军 等,2003)。

龙德树等(1999)对产自新疆伊宁纤用亚麻、新疆新源纤用亚麻、黑龙江海伦纤用亚麻、黑龙江兰西纤用亚麻、甘肃武威纤用亚麻、埃及纤用亚麻、比利时纤用亚麻、新疆油用亚麻和甘肃武威油用亚麻的纤维进行化学成分分析。结果:一是纤用亚麻和油用亚麻纤维的含水率、脂蜡质、水溶物和灰分含量的平均值分别为 5.86%、1.17%、4.97%、1.47%,油用亚麻纤维含水率、脂蜡质、水溶物和灰分含量平均值分别为 6.17%、1.83%、4.35%、1.47%,油用和纤维用的纤维之间差异不大,但同类型间有差异。其中,比利时纤用亚麻脂蜡质含量明显偏低(0.50%),可能与纤维的初加工工艺(雨露沤制)有关。另外,甘肃油用亚麻和新源纤用亚麻的灰分含量相对较低。二是油用亚麻纤维的果胶含量大大高于纤用亚麻纤维,例如新疆油用亚麻的果胶含量 9.28%约是新疆纤用亚麻果胶平均含量(2.46%)的 3 倍。在纤用亚麻纤维中,埃及纤用亚麻果胶含量最高(6.25%)、新源纤用亚麻最低(2.46%),果胶质的含量与品种和生长期等因素有关。三是油用亚麻纤维的木质素含量(2.44%)平均比纤用亚麻纤维(0.99%)高。影响纤维木质素含量的主要因素之一是麻纤维收获期,一般过期收获的麻纤维木质素含量高,而油用亚麻是以取籽食油为主的品种,常常是过期收获。在纤用亚麻纤维中,黑龙江海伦纤用亚麻的木质素含量最高(1.52%)、埃及纤用亚麻最低(0.65%)。四是纤用亚麻纤维的纤维素含量平均比油用亚麻高。在受试的纤用亚麻纤维中,新疆伊宁和新源的纤用亚麻纤维素含量处在较高水平(分别为 68.89%和 69.39%),而埃及纤用亚麻纤维素含量最低(63.00%),试验数据表明,导致埃及纤用亚麻纤维素含量偏低的直接原因是其果胶和半纤维素含量偏高,由于麻纤维的半纤维素、果胶、木质素及纤维素的含量均与收获期直接相关,据此可以推断,所采埃及麻样的成熟度较差。

　　麻纤维脱胶、变性等深加工过程中,脂蜡质和水溶物的影响不大,但灰分质量分数的多少会对纤维深加工构成影响(龙德树 等,1999)。就铁、铜、钙和镁的总含量而言,在受试纤维中,新疆伊宁麻为最高(2.402%),比利时纤用亚麻最低(0.075%)。不仅各试样之间铁、铜、钙、镁总含量的差异大,且不呈现规律性。试样灰分各成分中，Fe_2O_3 含量新疆伊宁纤用亚麻最高（1.430%），比利时纤用亚麻最低（0.029%）。CuO 含量是伊宁纤用亚麻最高（0.94%），新疆油用亚麻最低（0.006%）。CaO 含量是新疆油用亚麻最高（0.053%），新源纤用亚麻最低（0.010%）。在大类品种间，在纤用亚麻纤维中，比利时亚麻纤维的铁、铜含量均较低，新疆油用亚麻的铁、铜含量大大低于甘肃油用亚麻。各试样间的钙、镁含量不如铁铜含量差异大，但相对来说，油用亚麻纤维的钙、镁含量明显高于纤用亚麻纤维，而麻纤维中钙、镁盐的形成主要来源于纤维素成分果胶质。这一结果揭示了油用亚麻纤维胶质中的果胶酸钙、镁盐即难溶性生果胶含量较高，从而给采取不同工艺条件对两类麻纤维进行深加工处理提供了理论依据。

杨传强等（1997）分析纤用亚麻、油用亚麻纤维的化学成分，研究两种纤维的性能特点，认为油用亚麻纤维的不溶性果胶含量比纤用亚麻高，所以，在加工过程中，油用亚麻纤维的脱胶难度较大；原麻的号数与化学成分之间不存在明显的对应关系，但纤维素含量与胶质和灰分含量之间呈显著的负相关；从原麻化学成分的角度考虑，新源纤用亚麻的纤维品质最好，伊宁和海伦纤用亚麻次之，兰西和埃及纤用亚麻最差。油用亚麻的纤维品质总的来说不如纤用亚麻，但与兰西纤用亚麻和埃及纤用亚麻的品质接近，所以，油用亚麻仍是一种具有较高利用价值的纤维原料（杨传强 等，1997）。

马岩等（2003）对甘肃省平凉、定西、武威地区的油用亚麻原料进行抽样物理测试。结果表明，油用亚麻原料与普通纤用亚麻原料相比：在强力方面属中等偏上、平均分裂度偏低、平均长度偏低；化学成分上，油用亚麻纤维素含量较高、半纤维素含量偏低、木质素含量偏高。总的看来，油用亚麻是一种优良的纺织原料，相同规格的成纱质量与纤用亚麻没有明显的差异。需要改进的是油用亚麻植株较矮，纤维主体长度低，梳成长麻率偏低，限制了纯油用亚麻纺纱厂产品结构的改善。应该在优良品种的培育、推广以及原料的机械化初加工方面作好配套工作。在油用亚麻种植从以油用为主到油纤兼用的过程中，应作好麻农的说服教育工作，严格把握收获期，降低工艺纤维中木质素的含量，提高其可纺性能，以获得双赢（马岩 等，2003）。最后，麻农可以根据当地的雨水情况和市场上纤维、籽粒价格的变化选择适宜的类型，在目前纤维价格高涨的情况下，油用或油纤兼用改种纤籽兼用会提高经济效益。

从上述纤维化学成分分析研究结果看，不同产地的亚麻纤维化学成分具有差异，纤用亚麻纤维与油用亚麻纤维也存在差异，油用亚麻纤维的果胶、木质素高于纤用亚麻纤维。总体上，油用亚麻纤维是可以用于纺织。

（二）纤用和油用亚麻纤维的物理机械性能分析

徐光华等（1988）测定了纤用和油用亚麻不同部位纤维的物理指标，结果显示，纤用和油用亚麻根、中、梢不同部位纤维细度有差异，根部较粗，中部次之，梢部最细。油用亚麻根部和梢部相差 20.37 dtex（491 支），即根部比梢部支数低 15.1%（纤用亚麻根比梢部支数低 9.5%），中部比梢部低 70.42 dtex（142 支），即中部比梢部支数低 4.35%（纤用亚麻中比梢部支数低 4%）。相对的讲，根部支数与梢部支数差异油用亚麻比纤用亚麻略大，但根、中、梢的平均支数两者接近，油用亚麻比纤用亚麻仅高 3%。棉纤维细度一般在 1.67 dtex（6 000 支）左右。苎麻纤维细度一般在 6.26 dtex（1 600 支）左右，所以油用亚麻纤维细度比棉纤维细度低约 1/2，而比苎麻纤维的细度高约 1 倍。纤用和油用亚麻纤维的强力（cN）和断裂强度（cN/dtex）值基本上是根部最大，中部次之，梢部最小，这与 3 个部位的取向度、结晶度值不同有关。随着双折射率或结晶度增加，断裂强度增加。纤用亚麻根、中、梢 3 个部位的强力平均值和断裂强度平均值比油用亚麻分别高 5.5% 和 3.35%。这里，取向度影响是主要的，因为结晶度值纤用亚麻仅比油用亚麻高 0.42%,而纤维大分子的取向度纤用亚麻比油用亚麻高 10.46%。纤用亚麻纤维大分子取向度高,所以断裂伸长率比油用亚麻纤维低 1.7%。

研究结果表明,油用亚麻纤维模量的平均值为 1 836.46 cN/dtex,纤用亚麻为 1 765.65 cN/dtex,后者低 3.8%。棉纤维模量一般为 573.95~794.7 cN/dtex。苎麻纤维的模量一般为 1 854.3 cN/dtex 左右。可见油用亚麻纤维的模量比棉大得多,与苎麻有些接近。纤维硬而挺、刚性较大。油用亚麻单纤维细度以根部较粗,3.62dtex(2 766 支),中部次之,3.21dtex(3 115 支),梢部最细 3.07detx(3 257 支),平均细度 3.28detx(3 046 支),与纤用亚麻纤维平均细度 3.29detx(3 042 支)接近,前者比后者仅高 3%。

油用亚麻纤维根、中、梢部断裂强度平均值为 61.10 cN/dtex,而纤用亚麻为 63.22 cN/dtex,纤用亚麻比油用亚麻高 3.35%。这一性质差异,受结晶度、取向度影响,且取向度影响是主要的,因为纤用亚麻纤维大分子取向度比油用亚麻高 10.46%,而结晶度油用亚麻比纤用亚麻高 0.42%,两者结晶度基本相同。纤用亚麻纤维大分子取向度高,所以,断裂伸长率比油用亚麻低(1.7%)。油用亚麻纤维的模量根、中、梢平均值为 1 836.46 cN/dtex,纤用亚麻平均为 1 765.65 cN/dtex,油用亚麻比纤用亚麻高约 4%,而与苎麻纤维模量相近。所以,油用亚麻纤维亦具有较高的硬挺性和刚性(徐光华 等,1988)。

我国种植纤用亚麻的历史较油用亚麻种植短得多,但具有悠久种植历史的油用亚麻,除用于取籽榨油之外,在纤维利用方面,一直未能受到足够重视。纤维价格高时曾有一定规模的利用,但油纤兼用亚麻品种原茎产量低、出麻率低,所以,当纤维价格下降时,油用亚麻的纤维加工就放弃了。目前,已经培育出纤籽兼用亚麻品种,就是偏纤维用的兼用品种,比油纤兼用品种

(偏油用型的兼用品种）出麻率更高、纤维品质更好，其纤维更适宜纺织。

近年来，国内纺织领域科技工作者对油用亚麻纤维微观结构、理化性能、精细化学脱胶方法及纤维可纺性进行大量研究和试验，结果表明，用初加工油用亚麻打成麻、再经精细化学脱胶所制得的精干麻，可在现有国产FA系列棉纺工艺设备上与其他纤维混纺。此举既可为纺织工业提供麻纺原料，又可节省建设麻纺厂资金，可谓一举两得。纤用、油用亚麻纤维纺成的纱、织成的布，具有一般麻织物所具有的风格特征，如吸湿性、透气性好，穿着凉爽、舒适，宜作夏季衣料。纯油用亚麻纱可用于织制水龙带、帆布。混纺纱可织制各种服用面料、装饰用布、窗帘布、台布、沙发布、餐巾及床上用品等。

因此，油用亚麻纤维仍是一种有较高利用价值的可纺性纤维，特别是我国油用亚麻资源十分丰富，充分开发利用，并在适宜的油用亚麻产区种植纤籽兼用亚麻，不仅纤维品质会更好，经济效益也会更佳。在目前亚麻纤维价格"暴涨"的时代，不仅能促进我国的麻纺织工业的发展，且对地区经济的发展和广大农牧民脱贫致富意义重大。

二、纯油用亚麻纤维针织纱工艺

亚麻的纺织工艺很多，包括长纺、短纺，干纺、湿纺，纯纺、混纺等。基本流程如下。

长麻纺纱：梳成长麻→梳成麻加湿养生→配麻→手工成条→配组→长麻予并→1~4道并条→长麻粗纱→粗纱漂炼（亚氯酸钠、双氧水）→湿纺细纱→干燥→细纱分色→络筒→入库。

短麻纺纱：梳成短麻→配麻→混麻加湿→梳麻→针梳（3~4道）→精梳→针梳→短麻粗纱→粗纱漂练→湿纺细纱→干燥→细纱分色→络筒→入库。

鉴于纺织工艺的多样性和复杂性，本文重点介绍纯油用亚麻纤维针织纱的关键工艺流程与参数。

麻纺产品十分走俏，纤维价格不断上涨，特别是中支纯麻针织纱需求量不断扩大。经过化学成分以及物理机械性能分析，油用亚麻纤维可以用于纺织，但是，纺织工艺要做适当的调整。甘肃省武威亚麻纺织厂利用亚麻湿纺生产线，采用短麻精梳工艺路线，优选工艺参数，特别对粗纱捻系数进行了大胆的探索和研究，开发生产出了50~41.7tex纯油用亚麻纤维针织纱（吴红玲，2005）。

亚麻湿纺工艺属束纤维纺纱，保证成纱质量的关键取决于原料的长度、强度和分裂度。油用亚麻纤维在强度、分裂度、长度等指标方面低于亚麻纤维，而果胶含量却高于亚麻纤维。因此，需改进工艺以提高可纺性（吴红玲，2005）。

（一）工艺流程

针对油用亚麻纤维的特点，利用武威亚麻纺织厂现有的细纱机和煮漂锅，在工艺设计中根据原料的强度、长度基本相同的条件下，分裂度越高，越有利于纺制高支纱的特点选定工艺。经过栉梳机梳理后的栉梳短麻，其分裂度较高，故采用栉梳短麻较为有利。工艺以短麻湿纺复精梳工艺路线为好。其工艺流程：混纺加湿养生→高产联梳→头道预梳→二道预梳→精梳→头道针梳→复精梳→二道针梳→三道针梳→四道针梳→粗纱→煮漂→湿纺细纱→干燥→络筒→包装（吴红玲 等，2005）。

（二）工艺参数

1. 梳麻工序

梳麻是油用亚麻纤维加工的主要工序之一。生产时应加大高产联梳机梳理强度，合理分配速比及负荷，使纤维分裂度进一步提高，降低含杂率。另外，油用亚麻纤维果胶含量大，纤维粗硬，成纱毛羽大，在加湿养生中应加大软麻剂用量，适当提高车间湿度，减少静电现象，提高成纱条干质量。

混麻加湿机工艺参数为：拆喂运输带速度 0.58 m/min，拆机针帘速度 9 m/min，拆机匀麻斩刀与针帘隔距 0.9 m，喂入机匀麻斩刀摆动次数 86.5 次/min，喂入机剥麻斩刀摆动次数 118 次/min，喂入机匀麻斩刀与针帘隔距 0.5 mm，成条机大滚筒转速 172 r/min，成条机喂入运输带速度 2 m/min，成条机牵伸罗拉带速度 46 m/min，加湿回潮率 15%±2%，出条速度 54 m/min，出条线密度 100 g/m±10 g/m。

高产联梳机工艺参数为：喂入麻卷数 10 卷，喂入定量 1 000 g/m，喂入速度 1.7 m/min，输出速度 65 m/min，大锡林转速 175 r/min，道夫转速 28 r/min。牵伸 28 倍，出条线密度 30 g/m，满筒定长 1 000 m，线密度偏差±2%，不匀率≤6%，含杂率≤1%。

2. 前纺工序

前纺工艺中，麻条在精梳以前采用轻定量喂入，使麻条得到充分的梳理。复精梳工艺顶梳和圆梳隔距应尽量减小，使麻条中短纤及剩余的麻皮、麻屑得到进一步的清除，使纤维保持较好的整齐度，以利于煮漂中纤维分裂度的提高及短绒率的降低。粗纱生产时，其捻系数应比纺同支数亚麻纤维纱大 20% 左右，以保证油用亚麻纱经煮漂后粗纱具有一定的湿强，利于在细纱牵伸区有较高的强力，因此，粗纱捻系数应控制在 0.36~0.38。卷绕密度在 0.36~0.37 为宜，下机粗纱分裂度控制在 680~750 公支。

3. 煮漂工艺

煮漂采用亚氧漂工艺，工艺流程为：酸洗→亚漂→水洗→氧煮→水洗（图5-1）。具体煮漂时，应采用重亚氯酸钠漂轻氧煮的方法，来进一步提高油用亚麻纤维的分裂度及减少纤维的损伤，煮漂后的油用亚麻粗纱品质指标为：纤维分裂度 1.05~1.02 tex，长度 98~103 mm，白度 57%~59%，煮漂损失率 11.5%~12.5%，粗纱湿强 700~800 cN。

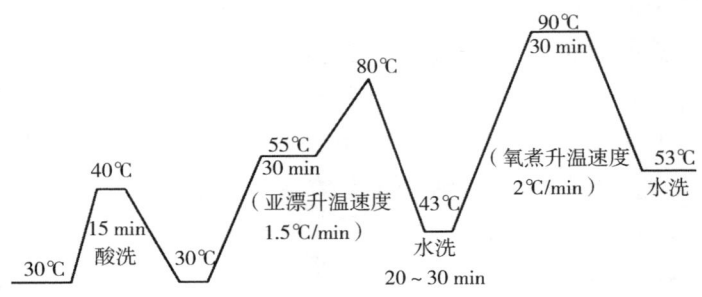

图 5-1　油用亚麻针织粗纱煮漂工艺曲线

注：线上数据温度，单位为℃；线下数据为时间，单位为 min。

4. 细纱工艺

生产加工油用亚麻纱时细纱机主要采用小牵伸来进一步控制好成纱条干及减少细纱断头率。细纱机生产加工油用亚麻纤维中支针织纱的工艺参数为：细纱支数 45.45 tex，煮漂损失率 10%~13%，牵伸罗拉速度 11.5 m/min，牵伸倍数 12.9 倍，捻度 467 捻/m。实践证明，只要认真掌握油用亚麻纤维原料的特性，在生产中采用相应的措施，加强关键工序质量控制，合理选择工艺参数，用油用亚麻纤维生产中支纯麻针织纱在工艺技术上是可行的，而且纱线质量比较稳定，产品成本较低，在市场上有一定的竞争力，销路较畅，经济效益显著（蒋少军 等，2005）。

第二节　造纸

油用亚麻皮制浆的物理机械强度性质与针叶木浆相当，特别是麻浆具有撕裂指数较高、透气性好、燃烧时无异味等优点，使它适合于生产钞票纸、证券纸、卷烟纸、高级簿页纸以及强韧包装纸等。对于森林资源贫乏的我国来说，利用非木材长纤维麻浆代替针叶木浆，或配入麻浆以提高短纤维阔叶木浆、草浆的比例，都有着十分重要的意义。

一、油用亚麻纤维的形态特征

油用亚麻各部位纤维分离的时间各不相同。韧皮部纤维分离需要的时间短，成浆色泽白净。木质部需要的时间较长，尤以根部最难分离。这预示着这不同的部位，制浆要求不同，因为木素及纤维素等成分含量不同，韧皮部成浆快，色泽白净，说明其纤维素含量较高，木素含量较低，纤维分离较容易。

（一）韧皮部细胞形态及其特征

韧皮部细胞主要有表皮、薄壁、筛管和纤维4种细胞形态。

1. 表皮细胞

多呈砖形或枕形无锯齿，与Herzberg试剂作用呈深棕色，常与表皮膜连为片状，不易分离。一般条长0.05~2.00 mm，宽10~20 μm。

2. 薄壁细胞

存在于韧皮纤维束之间及韧皮纤维束与木质部之间，与Herzberg试剂作用显蓝色，形状多为近球形，直径30~40 μm。在洗料过程中易流失，易被挤压变形。这类细胞在韧皮部组织约占10%（面积比）。

3. 筛管

壁上有纹孔，端部倾斜并有孔状筛板，与Herzberg试剂作用显蓝色，直径30~40 μm，比纤维略宽，长度约为2~5 mm。这种细胞在韧皮部为数不多，通常不易发现。

4. 纤维

韧皮部的纤维多为韧型纤维，是韧皮部的主体。由于纤维素含量高，与Herzberg试剂作用显红棕色。单根的油用亚麻纤维为圆柱形表面平滑，纤维中段直径均匀，两端逐渐变细，渐细的部分有的很长，可达纤维全长的 1/4，端头尖削，胞壁厚，并有明显的横节纹及膨胀节，显色较深，节纹形状多为"｜""×"或"√"形。油用亚麻纤维的细胞腔非常小，往往只现一条黑线，在某些部位甚至完全闭合，黑线消失。在高倍显微镜下，可见细胞腔中含有部分原生质颗粒，与 Herzberg 试剂作用显黄色。

油用亚麻纤维的鉴别特征主要表现为：①纤维壁存在明显横节纹；②细胞腔直径极小（通常<5 μm）。在某些类似的麻类纤维品种中，虽然纤维壁上也有横节纹，如大麻，但节纹不如油用亚麻明显，而且细胞腔较大并是连续的。鉴别油用亚麻纤维的另一个常用方法是"湿—干"试验法，即将一根湿的油用亚麻纤维，用手持住它的一端，另一端悬空，端部面对观察者，仔细观察纤维由湿变干的一瞬间，纤维的端头作顺时针方向旋转，而大麻纤维在这种情况下却作反时针方向旋转。这是由于油用亚麻纤维与大麻纤维具有不同的微细纤维排列方式，油用亚麻次生壁外层及内层微纤维的缠绕形态全为"S"形。

油用亚麻韧皮部纤维很长，而且随产地和品种变化较大，有的纤维长度高达 30 mm 以上。有的较短，如固原油用亚麻韧皮部纤维虽较一般品种略短，但平均长度也达到 14 mm 以上，超出一般造纸对纤维长度的要求。故在备料、打浆时应结合产品特性的需要作好对韧皮纤维的切断工作，否则，严重影响浓料的输送及纸张匀度。油用亚麻韧皮部纤维另一个突出的特点是纤维壁厚、壁腔比大，平均壁腔比高达 4.41。壁腔比常用作评价造纸纤维原料的依据，壁腔比大于 1 的原料较差。但这对于油用亚麻韧皮纤维来说则不然，由于它纤维宽度小，细胞壁在打浆过程中又容易纵裂，分裂成若干细纤维，从而成为纤细柔软的浆料，并保留有较高的纤维强度值，故可用以生产多种高档纸张。

（二）木质部细胞形态及其特征

油用亚麻木质部细胞木质化程度较高，与 Herzberg 试剂作用均显蓝色。细胞种类主要有木纤维细胞、薄壁细胞、导管分子、筛管分子等。从木质部的结构形态上来看，虽然颇似阔叶木，但由于木射线不发达，故在离析试样中极少木射线细胞及木射线薄壁细胞，这是油用亚麻木质部杂细胞少的重要原因，而且主要来自髓部，杂细胞壁薄，壁上有纹孔，形状多为长秆形或枕形，这也是油用亚麻木质部不同于其他麻类木质部的一大特点。例如红麻，杂细胞含量（木质部）高达30%~40%，形状多呈球形，这就给制浆造纸带来较多的不利，而油用亚麻木质部则不然。

木质部的纤维细胞有3种，即韧型木纤维、木纤维及纤维管胞。前者纤维壁上有明显节纹，而木纤维则纤维壁光滑，壁上有稀疏的小纹孔。木射线管胞的侧壁上有较多的具缘纹孔。3种细胞的长度都很小，平均仅0.4 mm左右，两端尖削似纺锤形。导管有螺纹导管及纹孔导管两种，纹孔导管两端开口，有明显的舌状尾部，壁上纹孔排列不规则。筛管比导管长许多，有的壁上有环状加厚，当管壁被破坏时，此加厚部分遗留下来形似一条弹簧，有的壁上满布纹孔，两端开口并略有倾斜。筛管主要分布在靠近髓部的木质部纤维之间。

二、兼用亚麻造纸工艺流程

亚麻纤维因其资源丰富、加工成本低和可利用性强等优势，近年来成为非木材纤维领域的研究热点，对木材资源短缺地区尤为重要。造纸工业用非木材纤维素纤维的主要来源包括甘蔗渣、竹子、稻草、剑麻、黄麻、芭蕉、棉短绒、芦苇和亚麻。亚麻纤维具有厚壁窄腔结构，长度分布为4~66 mm，平均直径30 μm，长径比显著高于普通草类纤维。此外，与阿巴卡、西班牙棕榈、稻草、大麻、剑麻和棉花等其他非木材纤维相比，亚麻纤维在纤维宽度上表现出显著的均匀性。这些特性使亚麻成为制造耐用、轻质板材的绝佳候选者，这些板材通常用于生产滤纸、印刷和书写纸、餐巾纸等

(Cabañas-Romero et al., 2024)。

(一) 亚麻秆芯（麻屑）的制浆工艺

化学制浆技术采用化学药剂在特定的温度和压力条件下处理制浆原料，以便渗透原料表层并破坏其内部结构，主要是木质素和其他非纤维性碳水化合物如果胶。这一过程能够更加彻底地移除木质素和其他杂质，从而产生更纯净、强度更高的纸浆。在众多化学制浆方法中，硫酸盐法因其碱回收工艺较为成熟，能够更有效地处理制浆过程中产生的污染物，而成为最广泛应用的技术之一。吴养育等（2004）开展了亚麻秆芯的制浆工艺研究，试验了碱法和硫酸盐法。所用的亚麻秆芯就是亚麻厂在提取麻皮纤维后的下脚料，主要是亚麻茎秆木质部，其上还附着有部分未分离完全的麻皮纤维。木质部纤维平均长度为 0.44 mm，宽度 13.6 μm。亚麻秆芯原料在剥麻时已基本破碎，所以不需要对原料进行预处理。试验的工艺流程如下

```
原料→预浸搅拌→装锅 ─────→ 0.3 MPa或130℃→小放气 ─────→ 160℃
                    升温30 min                      升温60 min    ↓
测得率等 ←──── 洗浆 ←──── 放锅 ←──────── 160℃保温90 min
                              放气至0 MPa
```

对亚麻秆芯的蒸煮工艺主要从原料结构来考虑，由于韧皮部木素含量少，应以脱除胶质为主，而木质部木素含量高，应以大量脱木素为主，故试验工艺以高温碱煮为主，试验获得用碱量、硫化度等指标。采用碱法蒸煮时，NaOH 用量 21%，AQ（蒽醌）用量 0.1%时可以完全成浆，制浆得率 51%，$KMnO_4$ 值为 15.6，残碱 7.21 g/L，在 PFI 磨中打浆，打浆度为 45°SR，纤维湿重为 4.7 g，测定手抄纸的物理强度为抗张指数 55.7 N·m/g，耐破指数为 2.36 kPa·m²/g，撕裂指数为 3.36 mN·m²/g，其强度结果与阔叶木未漂浆接近。

采用硫酸盐制浆蒸煮时,即 KP(Kraft process)制浆,NaOH 用量 21%,AQ 用量 0.05%,硫化度 20%,可以完全成浆,制浆得率 51.7%,$KMnO_4$ 值为 13.24,残碱 12.36 g/L_c。所得制浆利用高温次氯酸盐漂白,所用漂率为 7%,漂白浓度为 10%,H_2O_2 用量为 1.5%,漂后浆白度达 71%,经 PFI 磨打浆到 45°SR 时,抄片定量为 60 g/m^2,测定其物理强度为抗张指数 72.2 $N·m/g$,耐破指数为 2.68 $kPa·m^2/g$,撕裂指数 4.51 $mN·m^2/g$,结果可达到 GB 的要求,可以生产生活用纸或文化用纸的配浆。

亚麻秆芯制浆的有效方法是 Sod+AQ 法或 KP 法,且成浆具有可漂性,其白度可达 70%(ISO)以上,可根据纸浆不同的用途选用不同的制浆方法。亚麻秆芯制浆的得率高达 50% 以上,但用碱量在 20% 左右,故应考虑制浆中的碱回收问题。

(二) 亚麻秆 TS 制浆

最初的造纸工艺,即机械制浆法,利用物理力通过捶打和捣碎制浆原料,从而释放出植物内部的纤维用于造纸。随着时间的推移,这一过程取得了显著的技术进步,引入了盘磨机和磨浆机等先进设备,大幅提高了制浆效率和纸浆的质量。开发亚麻秆制浆造纸,实现亚麻综合利用、不占用耕地、纤维品质好、资源丰富稳定、原料价格低廉、产值高、经济效益好、为农民增收、为广大纸厂提供配抄用长纤维,社会效益好。在中国造纸工业原料严重短缺的今天,合理利用亚麻秆制浆造纸具有重要意义,尤其是将韧皮(麻纤维)分离出来生产优质高档纸与特种纸和提供配抄用长纤维,对解决我国造纸工业长纤维严重奇缺更具有重大意义。同时,机械制浆可以减少化学品的用量,减少污染。

1. 备料

将原料切短和净化后首先用机械的方法将亚麻秆的结构破坏,使韧皮与木质部松脱;第二步用机械的方法将韧皮与木质部分离,获得麻纤维和含微量麻纤维的麻渣,分别用 TS(双螺杆,Twin-

Screw）化机法和少量化学药品，制成 TS 麻浆和 TS 麻渣浆。

2. 亚麻秆 TS 制浆工艺流程

原料→切短除尘→机械备料→麻与渣（机械）分离→麻（出售）或 TS 制浆（麻浆自用或出售）。

麻渣→TS 制浆→（麻渣浆）→废纸流程→生产包装纸（纸板）。

亚麻秆制 TS 浆：成浆得率：麻纤维 85%，麻渣 75%、水耗 <20 m³、废水量少污染负荷轻，黑液不用碱回收，废水经两级生化处理后可以达标排放。在小试研究中分离出来的麻渣含麻量约 1%，经打浆抄片，测定成纸的平均裂断长 4 500 m，达到强韧包装用纸的质量要求。

备料分离出来的麻纤维可以直接作商品（麻）原料出售，也可以制成 TS 麻浆，自用或作商品化机麻浆出售。麻渣浆的（强度）质量可以通过微调渣内麻纤维的含量进行控制，使麻渣浆能更好满足不同纸种、不同强度要求的配抄需要。分离麻纤维并单独制浆（不再用全秆制化学浆）是合理利用亚麻的重要目的，可以提高亚麻的利用价值，获得更好的经济效益和社会效益，用作包装纸麻渣中的麻纤维含量不必过多（1%的麻含量可以满足包装用纸的需要）要严格控制（聂勋载，2011）。

王承佳等（2012）也开展了亚麻秆 TS 制浆工艺研究。通过双螺杆法将两部分的纤维得以分离，进而用 NaOH 等药品或者直接用蒸汽对两部分纤维进行蒸煮。结果发现，在使用双螺杆法将亚麻韧皮部和木质部纤维得以分离后，相同蒸煮条件，韧皮部纤维抄纸的性能同样明显高于木质部。而对于韧皮部或者木质部，加入一定量 NaOH 等化学药品制浆所得浆料抄纸的强度特性分别均高于各部分自身直接用蒸汽进行蒸煮所得浆料抄纸的强度。从而可知，对于亚麻，双螺杆分离法以及加入化学药品进行蒸煮处理是一种较好的制浆方法，同时，将韧皮部和木质部分别利用可极大地提高其作为制浆造纸原料的利用效率。

第三节　纤维膜

一、水稻育秧膜

利用麻类等植物纤维，采用梳理成网与气流成网组合成网工艺、环保浆料黏合固结等技术工艺，可生产出克重 40~50 g/m²、可完全生物降解的麻育秧膜产品。麻育秧膜产品具有良好的吸水透气性，将其垫铺于育秧盘底面，可起到辅助盘根的作用，还可在育秧土底层创造一层适合水稻根系生长发育的水—肥—气平衡环境。麻育秧膜水稻机插育秧技术有效解决了我国水稻机插中遇到的难起秧、易散秧、秧苗素质不稳定的瓶颈问题，并可显著提高稻谷产量。实践证明，与其他育秧膜相比，麻育秧膜具有强吸附性能，从而减少水肥流失，使得水肥利用率提高 10% 以上，可比普通育秧技术减肥减药 5% 以上；麻育秧膜能促进秧苗根系生长，使秧苗生长整齐，成毯快，可提早 3~5 d 进入适插期；培育的秧苗根系盘结力强，不散秧、不散盘、不漏插，使得取秧、运秧、装秧快，机插效率提高 20%~30%，每公顷可节约 45~75 盘秧苗；培育的秧苗壮实，白根多，根系活力高，机插后返青快、分蘖早，有利于早发快长和水稻绿色增产。此外，麻育秧膜还具有可降解、无污染等优点（赵鑫等，2022）。

壳寡糖可诱导植物的抗病性、增强植物对病害的防御能力，使植物对多种真菌、细菌和病毒产生免疫作用，对水稻稻瘟病等病害具有良好的防治作用。新型壳寡糖麻育秧膜在保留麻育秧膜原有优点的基础上，增加了壳寡糖，以期诱导植物的抗病性，增强植物对病害的防御能力，从而培育出优质水稻秧苗，达到增产增收的效果。经过试验,普通麻育秧膜处理能够有效增强水稻秧苗抗立枯病和恶苗病能力,在株高、根长、地上鲜重、地上干重等秧苗质量方面均优于无麻育秧膜对照组,最终有效提高水稻产量;加入壳寡糖的麻育秧膜相较于普通麻育秧膜,对立枯病和恶苗病的防效分别提升14.54%、23.29%,壳寡糖麻育秧膜比普通麻育秧膜拥有更强的抗病能力和促秧苗质量效果;水稻产量普通麻育秧膜处理组比无麻育秧膜处理组提高4.1%,壳寡糖麻育秧膜处理组提高8.6%,增产效果更好。目前,传统麻育秧膜已在湖南、湖北、黑龙江、吉林、安徽等地大面积示范推广并取得一定的成效。在此基础上,更有利于达到机插水稻苗期抗病壮苗效果、提高水稻秧苗质量的壳寡糖麻育秧膜,具有良好的推广前景。

二、非织造布

(一)亚麻的初加工

流程为:亚麻→除籽叶→浸麻→热空气烘干→碎茎→打麻→亚麻韧皮纤维。

浸麻是将以每千克亚麻20 L水的比例浸于35℃的热水槽,槽中水温保持35℃,根据不同产地的亚麻需要,选择浸3~5 d,之后将浸好的亚麻均匀铺放在用木条以一定间隔钉成的木板上,再通以热空气循环干燥,一般24 h即可达到烘燥要求。

由造纸成形原理可知,长纤维在造纸非织造布成形中是构成非织造布的网状,而短纤维则是网间的填充纤维,构成网状的最长纤维长度不超过15 mm,否则,非织造布性能下降。亚麻切断之后经过脱胶、梳理,纤维长度受损,变短,因此,将经过初加工得到的生亚麻在铡刀式的切断机切成长度为15.8 mm。

(二)亚麻纤维的加工

采用碱煮与漂白同时进行的快速脱胶漂白新工艺。

切断生亚麻→浸酸→快速碱煮与漂白→高压热水冲洗→浸解键

合剂→烘燥→梳理→非织造布成形。

1. 浸酸

浸酸是碱煮前的最重要的预处理工序。采用 DTPA（二亚乙基三胺五乙醇）浸酸。具体是将 300 g 的切断亚麻置于 4.8 g 的 DTPA 与 6 L 水的溶液中浸泡 1 夜。

2. 快速脱胶与漂白

采用碱煮与漂白同时进行的新工艺。

煮练药剂 NaOH、漂白药剂双氧水。双氧水是一种良好的漂白剂，在碱性介质中极易分解而氧化纤维素，漂白时无有害气体产生。煮练助剂：为提高煮练质量，缩短煮练时间，节省用碱量，在煮练碱液中加助剂硅酸盐（水玻璃）；为使水玻璃发挥更大的稳定作用，又加助剂 $MgSO_4 \cdot 7H_2O$。

（1）硅酸盐（Na_2SiO_3）　Na_2SiO_3 是硅石 SiO_2 与 NaOH 在高温下熔融而成，为弱酸强碱盐，在水中发生水解作用，水解结果产生 NaOH，在煮练过程中，可以补充一部分 NaOH 的消耗，有利于脱胶的化学反应，可提高脱胶均匀度，缩短煮练时间；水解中生成的 H_2SiO_3 是胶体物质，在水中形成胶体的胶粒群，具有渗透性、乳化性、泡沫性和保护胶性，具有较强的洗涤和扩散作用。

（2）$MgSO_4 \cdot 7H_2O$　脱胶漂白采用的是软水，加入助剂 $MgSO_4 \cdot 7H_2O$ 可使助剂水玻璃发挥更大的稳定作用。

3. 高压热水冲洗

生亚麻经过预处理和脱胶漂白后，大部分胶质已经溶解，但由于纤维素的吸附作用，胶糊状物质多黏附在纤维的表面，使单纤维互相胶结在一起，干燥后仍然保持原来的束状结构。采用 70℃ 热水高压喷洗，可将被碱液破坏的胶质从纤维表面清除掉，与冷水冲洗相比，纤维松散、洁白。

（三）浸解键合剂

生亚麻脱胶之后，仍留有少量的残胶，若直接烘干，纤维又重新黏结成束状,增加梳理困难,影响非织造布成形,使它表面出现云斑、破洞,手感硬、板,因此,烘干之前需浸解键合剂,可采用 XP6021 及 Berocell 系列解键合剂,属阳离子表面活性剂,在溶液中呈中性至弱碱性,能降低纤维间黏合,改善纤维表面状态,增加纤维的松散性及柔软程度。

XP6021 采用剂量为每千克亚麻 1 g,Berocell 系列剂量为每千克亚麻 3 g,浴比 5%,浸 2 min。处理过的亚麻梳理顺利。经解键合剂处理后的湿亚麻经离心脱水机脱水后进行干燥、梳理。

(四) 非织造布成形

配料组合为:经过碱煮漂白+解键合剂+烘燥+梳理工艺处理的湿亚麻 50%与木浆 50%。成形是在 6 辊造纸机上进行的,非织造布经过每辊时间为 18 s。为保证木浆纤维与亚麻纤维在浆液泡沫中分散均匀,加入 Berocell 048 解键合剂 0.06%,非织造布输出速度 1.0 m/min,压力 10 kg/cm,温度为 140℃。此工艺非织造布单重为 80 g/m^2,表面纤维分布均匀,光洁,手感松散、柔软,各性能指标最优(曲丽君,1999)。

第四节 复合材料及其应用

一、亚麻纤维复合生产材料技术

亚麻纤维是人类最早使用的生物纤维之一,与玻璃纤维相比,因其具有密度小、成本低、强度高、可降解等优点,在生物复合材料结构中广泛应用。玻璃纤维的生产复杂,需要大量的能耗,而亚麻种植简单,纤维产量高。玻璃纤维废弃后无法被分解利用,若接触到皮肤,则对皮肤产生刺激,投入环境中则对环境造成严重污染。亚麻纤维具有杀菌抗菌作用,自然环境下可生物降解,纤维取向度和结晶度高，因此，亚麻纤维逐步代替玻璃纤维，具有良好的工业前景（姜弼天 等，2019）。

近年来，人们已经开发了多种用于生产亚麻纤维增强复合材料的关键技术，如膜层叠、真空灌注、压缩成型、手工铺叠、纤维缠绕、挤出成型和注塑成型等（Li et al.，2015）。注塑和压缩成型具有简单快速等优点，通常用于小尺寸复合材料的初步处理，且注塑成型多以塑料为基础加工工艺。对于大尺寸材料，常用高压和手工铺叠进行处理。手工铺叠也常用于民用基础设施的改造，具有成本低、易处理等优点。目前，亚麻纤维复合工艺已经逐渐成熟，各种热塑性、热固性、可降解复合材料层出不穷，Barkoula 等（2010）采用压缩成型技术，将大约 25 mm 的亚麻做成随机毡，并将 10 mm 长度的短切纤维注塑成型。Specht 等（2006）总结了不同的混料过程中天然纤维的最佳长度，造粒、混合和挤出混料过程中亚麻纤维长度应小于 3 mm，在拉挤成型过程中，纤维长度应在 10~30 mm 范围内；混合无纺布的预加固，纤维长度应小于 25 mm。Fiore 等（2016）研究玄武岩纤维外层对亚麻增强复合材料耐久性的影响，发现玄武岩与纤维的混杂可提高复合材料耐久性。硅橡胶是一种分子链兼具无机和有机性质的高分子弹性材料，具备良好的耐候性、耐热性、介电性、弹性恢复性和优异的变形能力，可以在-60~250℃下长期使用。但硅橡胶的拉伸强度较差，在小应力作用下会产生较大的形变从而影响材料的尺寸稳定性。亚麻纤维含有较高的纤维素和较低的木质素，且具有优异的机械性能，在聚合物复合材料中的单向排列确保了纤维最高的增强效率。周子祥等（2023）研究亚麻短纤维的长度和用量对此复合材料拉伸性能的影响。结果表明，亚麻纤维增强硅橡胶复合材料的拉伸性能受到纤维的长度和含量的影响，可以通过控制其长度和含量对复合材料的拉伸性能进行设计。当纤维长径比在 100~200 范围内时，长径比接近 100 的亚麻短纤维对硅橡胶的补强效果差于长径比接近 150、200

的亚麻短纤维。使用长度为 2.5 mm、体积分数为 1.26%的亚麻短纤维增强硅橡胶基体时，弹性模量得到良好提升，复合材料的断裂伸长率得到明显的限制。

丁琛等（2023）选用油用亚麻纤维非织造物为增强体，热塑性淀粉为基体，基于真空辅助传递模塑成型工艺制备了复合材料试样，在 5 g/L 的 $NaHSO_3$ 溶液中，预浸 120 h 对油用亚麻原茎的脱胶率最优，脱胶率达到 10.34%，断裂强力为 142.432 cN。复合材料的最佳制备工艺为织物克重为 405 g/m^2 以及铺层层数为 2 层，且纤维经碱+硅烷偶联剂+纳米二氧化硅处理，其拉伸强度、弯曲强度以及压缩强度均为最大值，分别为 10.54 MPa、16.66 MPa、8.60 MPa，较未经过改性处理的分别提高了 131.15%、150.06%、77.83%，其吸声性能及保温性能均优，吸声系数为 0.539，保暖率为 98.1%。

二、亚麻纤维表面改性技术

亚麻纤维增强复合材料的强度和性能主要由界面相容性决定，纤维表面改性具有防止吸湿、清洁纤维表面和提高表面光滑度等优点，从而提高纤维和基体之间的界面附着力，显著改善性能。表面改性还改善了纤维分离状况，并减轻一些不良影响，如机械强度降低、膨胀引起的结构变化、纤维表面可能发生降解等。因此，当纤维用于工业用途时，表面改性非常重要（Bourmaud et al., 2020）。

为了最大限度地发挥亚麻纤维及其复合材料的性能，许多学者对不同的纤维表面处理进行了研究。为了改善亚麻纤维质量，经常进行物理和化学表面改性，提高界面黏合强度。亚麻纤维表面含有大量极性羟基等官能团，因而呈现亲水性，与主流聚合物的疏水极性相反，使其难以复合。因此，将亚麻纤维亲水基团预先进行酯化、醚化，使亲水性降低，降低界面斥性，提高黏结强度。物理改良技术包括等离子体处理、热处理、电子束照射以及高压灭菌处理等，以增加纤维和树脂之间的相容性。热处理法是最为简单传统的处理方法。在制备亚麻纤维增强复合材料过程中，若界面被水分子填充，就会不可避免地产生空隙，而影响材料强度。Le 等（2010，2011）通过对不同冷却速率和退火等条件的热处理方法进行研究，发现当冷却速度低时，复合材料的改性效果更好。

化学处理法可减少亚麻纤维表面羟基数量，或使麻纤维与聚合物基体发生交联。因其成本低廉，操作更为简便而被广泛使用。化学改良技术包括硅烷、乙酰化、氰乙基化、硬脂酸、马来酸酐聚丙烯（MAPP）以及乙酸等化学处理法以改善性能。Arbelaiz 等（2005）使用马来酸酐聚丙烯共聚物作为相容剂来改性亚麻纤维与PP基质的聚合面，显著提高了复合材料的机械性能。

不同的改性处理方法的效果不同，丁琛等（2023）采用碱（NaOH）、碱（NaOH）+硅烷偶联剂（KH-550）及碱（NaOH）+硅烷偶联剂（KH-550）+纳米二氧化硅（SiO_2）的处理方法，对亚麻纤维进行改性处理，亚麻纤维表面处理前后的 SEM 图如图 5-2 所示。图 5-2（a）是未处理的亚麻纤维表面形貌，纤维表面零散排列着果胶和杂质。图 5-2（b）是经碱处理的亚麻纤维表面，纤维表面干净整洁，大部分杂质和胶质被去除，且纤维外壁出现损伤有较深的沟壑，对纤维的性能有一定的影响，是由于碱性溶液在去除纤维表面杂质的同时还损伤了纤维中的纤维素。图 5-2（c）是经碱+硅烷偶联剂处理的亚麻纤维表面形貌，纤维表面形成一层硅烷偶联剂薄膜，且薄膜较为均匀。图 5-2（d）是经碱+硅烷偶联剂+纳米二氧化硅处理的亚麻纤维表面形貌，图中显示纳米二氧化硅颗粒沉积在纤维表面，提高了纤维表面的粗糙度。

为了得到具有高耐久性的亚麻纤维增强复合材料，新型界面相容剂的开发至关重要。通过加入适当相容剂取代纤维的预处理，既能增加纤维与基体之间的黏附，又可简化工艺流程，降低成本，从而适用于大规模工业生产。

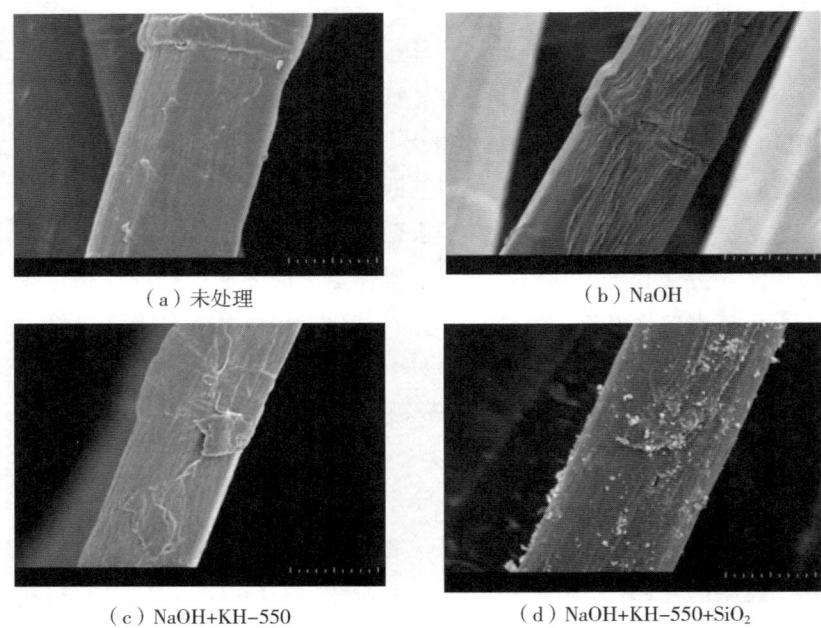

(a) 未处理　　　　　　　　　(b) NaOH

(c) NaOH+KH-550　　　　　(d) NaOH+KH-550+SiO$_2$

图 5-2　亚麻纤维处理前后 SEM 图（×10 000）

三、亚麻纤维增强复合材料的应用

亚麻纤维复合材料因具有良好的力学特性，而逐渐取代了玻璃及其他纤维复合材料，近年来，在建筑和汽车行业展现了巨大的市场潜力。而过去常用的木配件、固定装置、家具和噪声绝热板均已被机械性能更好的天然亚麻纤维复合材料取代。

（一）建筑工程

建筑建材是增强复合材料的重要应用领域。较人工合成的复合材料，亚麻纤维增强复合材料具有密度更小、成本更低廉的优点，在建筑工程中常用来制作扶梯、门窗、地板、活动板房等。亚麻纤维复合板不因环境潮湿或干燥而胀缩，防虫蛀，耐久性好，不易腐烂。亚麻纤维作为可再生资源，并具有可自然降解的特点，还可减少建筑垃圾，促进人类社会可持续发展。亚麻/环氧树脂的轴向抗压强度和结构延展性显著增加，与 25 MPa 的承压混凝土相比，4 层亚麻/环氧树脂管能够使混凝土的抗压强度提高至 54 MPa（姜弼天 等，2019）。徐蕾（2013）对亚麻纤维对混凝土收缩开裂的影响进行研究，将麻纤维混入砂浆中进行收缩性能试验。结果表明，当麻纤维的添加量为 0.3% 时，与不添加样品对比，裂缝的总面积降低了 99.5%。目前，亚麻纤维复合材料在建筑行业的应用发展非常迅速，加入亚麻纤维的复合材料管的混凝土更轻便，可减少劳动力和施工时间。在铁路和道桥领域，亚麻纤维复合材料也逐渐成为代替木材的新型建材。

（二）汽车工业

亚麻纤维复合材料价格适中，性能优良，20 世纪 50 年代以来广泛应用于汽车座椅和门板的制作，法国一家汽车生产商利用亚麻纤维复合材料成功研制出一种新型汽车车门内饰板，该材料能够将汽车的总重量减轻 20%（Yan et al.，2012）。随着节能减排、轻便、安全与舒适成为汽车行业的主要发展趋势，亚麻纤维复合材料已代替塑料并占据了汽车行业近 1/2 的市场份额（Sliseris et al.，2016）。由于材料密度小，具有优良的降噪隔音和防碎性能，目前，宝马、奔驰、奥迪等汽车生产厂商均引入亚麻纤维复合材料制成仪表板、门护板、座位靠背等零部件，可减轻约 40% 的质量，从而提升燃油的使用效率。极星是浙江吉利控股和沃尔沃集团合资成立的汽车品牌，极星 Precept 在设计时融合了数字化技术的理念，内外饰部件中大量采用了再生原料。其中，极星公司与瑞士 Bcomp 公司合作，在 Precept 车型的车门内饰板、地板、仪表盘、座椅靠背和一些外饰部件上采用亚麻纤维复合材料进行生产（极星汽车 2020）。目前，汽车生产厂商更青睐于可降解亚麻纤维复合材料在汽车内饰上的研究，该材料的其他优越性能还有待开发，并将更多地应用于汽车上。

(三) 其他领域

除了建筑行业和汽车零部件等传统行业外，亚麻纤维复合材料在其他新兴市场中也极具消费潜力，如瓷砖、花盆、托盘、一次性日用品、废物箱、水桶和海洋码头等。作为新型可降解材料，其耐腐性优于木材，污染性小于塑料，具有极强的市场竞争力。亚麻纤维复合材料是可再生的天然复合材料，具有环保、成本低、来源广、性能优等诸多优点，还具有广阔的发展空间与研究潜力。中国是亚麻生产大国，因此研究技术人员应充分利用中国的亚麻纤维资源优势，改进复合材料生产工艺，使新材料附加值升高，并挖掘市场潜能，推广应用到各个领域（姜弼天 等，2019）。

第五节　活性炭及其应用

一、活性炭的制备

（一）亚麻屑制活性炭

生物质作为一种可再生资源在替代不可再生燃料、制备碳基材料等方面具备广泛的研发前景。近年来，以生物质废弃物作为碳源制备电化学性能优异的生物质炭是目前研究的热点。以炭材料为电极材料应用的优势具体表现在稳定性较高，电化学性能良好等方面。王冰（2021）针对炭材料制备工艺进行了分析，探讨了不同因素产生的影响，确定了最优的工艺条件。首先，针对活性炭的制备工艺进行了研究，采用的活化剂和原料分别是 KOH、亚麻屑。探讨了不同因素所产生的影响，基于单因素试验进行了验证分析，重点分析了活化时间、温度以及浸渍比的影响，并通过正交实验进一步确定了，在考察的范围内的最佳活性炭（AC）的制备条件为浸渍比 1∶2、活化温度 800℃ 及活化时间 100 min。结果表明，活性炭的碘值为 1 667.1 mg/g，亚甲基蓝值为 429 mg/g，达到了一级品标准的要求。对活性炭进行 SEM 和 BET 分析，结果表明，活性炭的比表面积较大，并且孔隙结构比较显著。通过活性炭和亚麻屑炭作对比探究活性炭的电极性能，当电流密度为 0.5 A/g 时，亚麻屑炭的质量比电容（C_m）达到 17.8 F/g，电流密度增大到 10 A/g 时 C_m 为 5 F/g。当电流密度为 0.5 A/g 时，活性炭的 C_m 达到 146 F/g；电流密度增大到 10 A/g 时 C_m 为 105 F/g。实验结果表明，活性炭表现出较好的电极性能，相比于亚麻屑炭有极大提升。

（二）亚麻活性炭纤维的制备

利用不同的纤维原料制备活性炭纤维的具体条件也各不相同，但其基本工艺流程大都包括预处理、炭化和活化 3 个主要环节（徐新花，2007）。

原料纤维 —预处理→ 可炭化纤维 —炭化→ 炭化纤维 —活化→ 活性炭纤维

1. 预处理

预处理是制备活性炭纤维的重要工序，包括盐或碱浸渍、预氧化两种预处理方式（Xie et al.，2001）。前者是将原料纤维充分浸渍在 $ZnCl_2$、H_3PO_4、HOH 硫酸盐或铵盐等溶液中，然后甩干或滴干及干燥。后者是将原料纤维置于 200~400℃ 的氧化气氛中，缓慢预氧化一定时间。盐或碱分子浸入原料纤维内部，可起到溶胀、催化脱水或交联等作用，防止纤维分子在热处理过程中碎片化逸散，从而提高活性炭纤维的强度、产率及吸附性能，也可显著缩短其热处理时间。预氧化处理常用于制备沥青基、聚丙烯腈基和酚醛树脂基活性炭纤维的工艺中。原料纤维经预氧化处理后，其中的线形高分子链会发生氧化、脱氢、环化等反应而转变为耐热、稳定的梯形结构，从而使纤维在高温炭化过程中不易熔融变形，仍保持纤维的形状，并提高其在炭化及活化后的产率。

2. 炭化

炭化是将原料纤维置入惰性气氛氮气或氢气中加热升温适当时间，使其中可挥发的非碳组分被分解排除，并且将残留的碳原子重排成类石墨微晶结构，最终形成炭纤维的过程，是生产活性炭纤维的重要环节。炭化的目的是要得到具有一定机械强度和适宜于活化的初始孔隙的炭化料。炭化过程中，原料纤维中的部分纤维素分子链断裂，使碳以低分子气态化合物（CO_2、CO）等的形式逸出，虽然造成原料有大的质量损失，但仍能使其保持纤维结构。

炭化过程对后续的活化反应有很大的影响，从而直接影响活性炭纤维的产率、结构和性能。炭化过程的主要影响因素有炭化温度、升温速率、炭化时间、炭化气氛等。炭化温度较高时，碳体形成密实结构、孔隙度减小、降低了碳原子的活化反应能力；炭化温度较低时，形成的微晶小、孔隙度大，有利于活化反应的进行。升温速率较慢时，挥发性组分及反应气体缓慢逸出，有利于初始孔隙的形成；升温速率较快时，产品活性炭纤维的表观密度会减小。炭化时间过短，由于反应的不彻底性，不足以在碳体中形成多孔结构；炭化时间过长，会破坏已形成的微孔结构。

3. 活化

活化是制备活性炭纤维的关键步骤，活化反应进一步丰富炭纤维的孔隙结构，使其产生巨大的比表面积，并形成丰富的表面官能团。活化方法有物理活化法、化学活化法、化学—物理联合活化法等。

（1）物理活化法　物理活化法是利用 O_2、水蒸气或 CO_2 作活化剂，在高温（700~1 000℃）下使原料纤维中无序的碳部分被刻蚀氧化成孔的方法。进行 O_2 活化时，800℃以上，O_2 与碳的反应放热剧烈，难以控制，而且 O_2 的氧化能力过强，使原料纤维中大量的碳以分子的气态形式逸出，造成活性炭纤维的产率过低，所以，工业上一般不采用 O_2 作活化剂。进行 CO_2 活化时，因其氧化能力弱,且与原料纤维中的碳反应速度慢,所以,活化较均匀,但是考虑到反应速率的问题,工业上也不常用 CO_2 作活化剂。而水蒸气作为一种弱氧化剂,比 O_2 的氧化能力小得多,但是,又比的 CO_2 氧化能力稍强,反应速度也介于二者之间,所以工业上常采用水蒸气作活化剂。

(2) 化学活化法 利用 $ZnCl_2$、H_3PO_4、硫酸盐或铵盐等化学物质作活化剂,使原料纤维发生活化反应而成孔的方法。与物理活化法相比,化学活化法中的活化剂能使原料纤维中的氢和氧主要以水蒸气的形式逸出,抑制副产物焦油的生成,从而提高活性炭纤维的产率并增大其孔隙率和比表面积团。另外,化学活化法还能降低原料纤维的炭化、活化温度。但是,化学活化法也有其难以避免的缺点,例如,污染环境,浪费水资源(制得的产品要经过多次水洗,以除去纤维中的化学药剂),制得的产品强度较差等。因而没有在生产中得到推广。具体采用何种活化方法可根据原料和实际情况进行选择。

(3) 化学—物理联合活化法 化学—物理联合活化法是将化学活化与物理活化结合起来的活化方法,通常是先进行化学活化后再进行物理活化。因为化学法和物理法制备活性炭在工艺复杂程度、成本、对孔结构调控能力等方面具有互补性,所以,在物理活化前对前驱体进行化学改性,可以灵活调控活性炭的孔结构,甚至制备出仅含微孔或仅含中孔的活性炭材料。Caturla 等(1991)用氯化锌化学活化桃核壳,制备出比表面积达 $1\,000 \sim 2\,000\ m^2/g$ 活性炭后,再用 CO_2 对其进行物理活化,进一步创造微孔和扩宽微孔,最终制备的活性炭比表面积高达到 $3\,000\ m^2/g$ 以上,且基本是微孔,堆密度在 $0.37\ g/mL$ 左右活性炭产品呈粒状并且耐磨性好。目前,化学—物理活化法的研究大都处在实验室研究阶段,离规模化生产还有距离。

水蒸气活化制备的亚麻织物活性炭纤维的得率随着活化温度

(650~850℃)的升高或活化时间(60~150 min)的延长均逐渐减小,而比表面积均逐渐增大。$ZnCl_2$ 活化制备的亚麻织物活性炭纤维的得率和比表面积均随 $ZnCl_2$ 浓度的升高而逐渐增大;随着活化温度的升高,样品得率逐渐减小,比表面积却呈先增大后减小的变化趋势,500℃时达到最大值 889.8 m^2/g。磷酸活化制备的亚麻织物活性炭纤维的得率随着活化温度的升高逐渐减小,比表面积呈先增大后减小的变化趋势,500℃时达到最大值 982.7 m^2/g。

4. 活性炭纤维的活化效果

水蒸气活化法对活化温度要求最高,制得的亚麻织物活性炭纤维样品的微孔率较低,多在75%以下。相比之下 $ZnCl_2$ 或 H_3PO_4 活化而得的亚麻织物活性炭纤维样品微孔率较高,大多在达到85%以上。而在相同活化温度下,H_3PO_4 活化制得的亚麻织物活性炭纤维样品的微孔率比 $ZnCl_2$ 活化样品的稍低。水蒸气、氯化锌或磷酸活化而得的亚麻织物活性炭纤维中,氯化锌活化样品的微孔含量最为丰富,其微孔率能达到97.02%以上,对甲基橙溶液的除色效果也较好,初始pH值6~7时,对其去除率最高能达99.3%。

二、活性炭纤维的应用领域

(一)在环保领域中的应用

活性炭纤维在环保领域,主要应用在气体处理和液体处理两方面。气体处理是指用其吸附脱除空气中的污染物(如二氧化硫、硫化氢、氮氧化物、挥发性有机化合物等),从低浓度废气中回收具有反应活性的有机溶剂如丙酮、二氯乙烯、三氧乙烯等,液体处理主要包括饮用水净化、工业废水处理等方面。

(二)在医学领域

活性炭纤维可用于净化血液、控制细菌感染及人体除臭等方面。近年来,采用活性炭纤维制成的机织物或无织物取得了良好的效果。活性炭纤维用作绷带和敷布,能有效控制细菌的感染。敷布直接敷于伤口上，血液、脓液透过渗透层和活性炭纤维布，被吸收垫所吸收，产生的臭气完全被活性炭纤维吸附，从而减少感染、促进伤口愈合，而且还防止来自空气的污染，使伤口受到外界侵害的危害性减少到最小。活性炭纤维具有优良的吸附性能，并且可做成各种布垫，所以，能将其用于人体除臭，包括腋臭、汗臭及排泄的气味等。

（三）在催化领域中的应用

在催化领域中，活性炭纤维可作催化剂载体，因其具有较高的比表面积，有利于催化剂的分散，既可增大活性相的作用，又能减少高温烧结失活的可能性。目前，负载于活性炭纤维上的催化剂主要有金属、金属氧化物、金属氢氧化物、杂多酸等。活性炭纤维属于乱层石墨结构，金属微晶在与其表面紧密接触的过程中，会受到纤维中离域电子的作用，此种金属与载体相互作用会影响催化剂的吸附机理和吸附量，乃至催化活性。

（四）在贮能领域中的应用

活性炭纤维具有导电性和多孔性特点，可将其用作制备高性能电容器和燃料电池的材料。目前，此类产品已经被投入使用。活性炭纤维作电容器的电极材料，在活性炭纤维电极上施加电压时，其微细孔表面会吸附电解液中的离子蓄积电量，使电容器的电容量大增，并且充、放电循环性能也几乎不会劣化。活性炭纤维还可用作储氢材料。氢气在活性炭纤维上的吸附是一种物理吸附过程，而基于物理吸附的活性炭储氢，可以做到吸放氢条件温和，因为氢气的吸附与脱附只取决于压力的变化。此外，活性炭纤维表面上的很多羟基、羧基等官能团，构成表面剩余电荷中心，即"活性点"使氢气容易产生诱导偶极而优先吸附在"活性点"上，而且活性炭纤维的比表面积非常大，其表面曲率较小，从而使相对表面的吸附势场产生叠加作用，使得其对氢气的吸附能力进一步增强，能满足高密度储氢的要求。

(五) 在贵金属回收领域中的应用

活性炭纤维对 Au^{3+}、Ag^+、Pd^{4+} 等贵重金属离子具有较好的氧化还原吸附性能，能够将高价态金属离子还原成低价态，以致单体金属。利用活性炭纤维的此种特性，可以从含贵金属的废品和废水中分离回收贵金属，此种分离回收技术集浓缩、吸附、还原和分离于一体，吸附容量大，速度快，回收率高，选择性好，工艺简单。不仅可防止环境污染，而且回收资源，具有良好的经济效益。可用于湿法冶金中提取黄金以及电镀厂、电影厂、感光胶片厂中含金、银废液的处理等（徐新花，2007）。

第六节　栽培基质

农作物秸秆是一种丰富的可再生资源，但由于其利用效率较低，往往会被焚烧或废弃，不仅造成资源浪费，还可能引发环境污染。近年来，将农作物秸秆用于食用菌栽培的技术受到了广泛关注，不仅提高了秸秆的利用率，也为食用菌产业提供了新的发展途径。农作物秸秆基质化栽培食用菌技术是一种利用农作物秸秆作为培养基质，通过特定的工艺，培养高品质的食用菌，实现农业废弃物的资源化利用、食用菌的高产高效生产的新型农业技术。此外，过去园艺栽培的盆栽基质以草炭为主，草炭为不可再生资源，已经停止采挖，农作物秸秆栽培培养基质的配料已经被广泛应用。纤维及兼用亚麻加工纤维以后的麻屑、油用亚麻的秸秆、亚麻屑无污染、透气性好，是培育各种食用菌类的良好基质。

一、亚麻屑栽培平菇

平菇是比较容易栽培的一种食用菌，20世纪80—90年代就开始研究亚麻屑栽培平菇。张学超（1997）于1994年8月开始用亚麻屑栽培平菇，取得了良好的效果。试验了 4 种培养基配方，其中，以亚麻屑 50%，棉籽壳 30%，牛粪 17%，石膏、石灰、磷肥各 1% 的配方栽培平菇效果最佳，生物学效率最高为 120%，已在新疆伊犁进行推广，并且取得了良好的效果。朱炫等（2014）以温水沤麻生产的亚麻屑与玉米芯混合作基质主料栽培平菇，供试配方如下。

配方一：亚麻屑 90%，麸皮 7%，普钙 1%，石膏 1%，石灰 0.5%，蔗糖 0.5%；

配方二：亚麻屑 70%，玉米芯 20%，麸皮 7%，普钙 1%，石膏 1%，石灰 0.5%，蔗糖 0.5%；

配方三：亚麻屑 50%，玉米芯 40%，麸皮 7%，普钙 1%，石膏 1%，石灰 0.5%，蔗糖 0.5%；

配方四：亚麻屑 30%，玉米芯 60%，麸皮 7%，普钙 1%，石膏 1%，石灰 0.5%，蔗糖 0.5%；

配方五：玉米芯 90%，麸皮 7%，普钙 1%，石膏 1%，石灰 0.5%，蔗糖 0.5%。

以配方五为对照。亚麻屑由大理州永平县亚麻厂提供。经试验认为配方三和配方四 2 个配方子实体产量和生物转化率较高，与对照相仿，其发菌速度快，子实体生长健壮，所产平菇香味浓郁，水分偏少，且可以在生产上推广应用。

二、亚麻屑栽培大球盖菇等

江祖豪等（2005）于 2002 年 6 月开始利用亚麻屑种植竹荪、茶树菇、大球盖菇等 12 个品种的珍稀食用菌均获得成功，2003 年扩大示范种植珍稀菌 3.6 hm^2，其中，大球盖菇 0.06 hm^2 产鲜菇达 3 000~4 000 kg。种植大球盖菇的亚麻屑制备方法有两点：一是将亚麻屑用清水或自来水进行预湿，堆闷 1 d，料水比控制在 1∶(1.4~1.5)；二是将亚麻屑预湿发酵 9~10 d，堆积时用双层薄膜覆盖，堆成高 120~130 cm，宽 150~200 cm，长不限的发酵堆，堆积一星期后，再翻堆发酵 2~3 d，调整含水量达 65%~70%。将铺成宽 70 cm，高 20 cm 的菌床，铺料时将料踩实，然后后撒播或点播菌种。

三、亚麻屑栽培杏鲍菇

杏鲍菇质地脆嫩，口感极佳，子实体菌肉厚，柄组织细密结实，雪白粗长，孢子少，保鲜期长。张丕奇等（2008）利用亚麻屑栽培杏鲍菇的研究。培养基配方：阔叶木屑 74%，麸皮 25%，石膏 0.5%，石灰 0.5%（1）；阔叶木屑 7%，亚麻屑 67%，麸皮 25%，石膏 0.5%，石灰 0.5%（2）；阔叶木屑 21%，亚麻屑 53%，麸皮 25%，石膏 0.5%，石灰 0.5%（3）。试验结果表明，以亚麻屑为主料栽培杏鲍菇的产量与木屑栽培的杏鲍菇产量相当，子实体性状相同，致密，菌盖灰褐色，柄白色，柄粗 2~3 cm，柄长 10~13 cm，但用亚麻屑栽培杏鲍菇现蕾时间比木屑提前 3 d。木屑中的蛋白质、总糖、脂肪含量高于亚麻屑栽培子实体含量，以亚麻屑为主料栽培的杏鲍菇子实体纤维素含量比木屑为主料栽培的稍高，但总体水平差别不大。试验表明：可以用亚麻屑栽培杏鲍菇，而且以亚麻屑作栽培主料栽培杏鲍菇吃料快，菌丝洁白、浓密，出菇期提前。生产出的杏鲍菇口感佳和营养成分与全木屑栽培无大差别。亚麻屑的利用为食用菌生找到新的原料来源。

四、亚麻屑栽培灰树花

灰树花营养丰富，口味独特，是一种极具发展前景的高档珍稀食用菌。潘春磊等（2017）为了探讨亚麻屑栽培灰树花的可行性，采用亚麻屑替代部分木屑作为基质栽培灰树花。根据木屑和亚麻屑不同比例设置 6 个配方，对照配方为木屑 78%、麸皮 20%、石膏 1%、石灰 1%。亚麻屑的添加量的 5 个处理亚麻屑别为替代木屑

15%、30%、45%、60%和78%。通过比较不同配方下的菌丝形态和出菇期间的子实体农艺性状，获得最佳亚麻屑添加量。结果表明，亚麻屑的最适添加量为15%~30%，所栽培的灰树花原基出现早，子实体长、宽、高、产量等性状和品质与对照组相当。在该条件下，利用亚麻屑栽培灰树花切实可行。

五、亚麻屑栽培茶树菇

茶树菇可在柳树、杨树、枫树等阔叶树的枯死树干和腐朽的树桩上生长，其子实体清香可口，营养丰富，具有较好的保健功效。随着野生茶树菇的减少，茶树菇已成为我国食用菌主栽品种。张鹏等（2018）开展了不同亚麻屑添加量对茶树菇菌丝体生长和产量的影响研究，对照为木屑83%、稻糠10%、麦麸5%、石膏1%、石灰%。试验以亚麻屑替代木屑作为主要基质栽培茶树菇，按20%、30%、45%、60%和78%不同添加量设计培养料配方。结果表明，茶树菇在不同亚麻屑添加量配方下能正常发菌、出菇（图5-3）。亚麻屑对茶树菇菌丝生长具有明显的促进作用，适量的亚麻屑可提高子实体品质和产量。当亚麻屑添加量为78%时，菌丝生长状况最好，表现为浓白、致密、粗壮，且现蕾和出菇时间最早，但该配方下子实体产量最低，商品性状也相对较差；当亚麻屑添加量为20%时，子实体色深、盖厚，不易开伞，商业价值较高，但产量不高；当亚麻屑添加量为45%时，菌丝长势和商品性状较好，其产量和生物学效率最高，与对照和其他配方相比差异显著，且发菌期菌袋污染率最低；而当亚麻屑添加量为30%时，产量略高于对照，但其子实体菌盖颜色较浅，不受市场欢迎。综合看，45%亚麻屑添加量栽培茶树菇效果最佳，建议对该基质配方进行推广和应用。而添加量为78%的配方，茶树菇发菌速度快，菌丝质量较好，可以考虑将其作为2级菌种在生产中应用。亚麻屑添加量为20%的配方虽然产量不高，但其子实体商品价值较高，通过进一步改良有可能提高产量。利用亚麻屑替代阔叶木屑在技术上具有可行性，不仅能够提高产量，降低原料成本，还可为废弃亚麻屑的处理提供科学依据，同时具有经济效益和生态效益。

图 5-3　不同培养料配方出菇情况

六、亚麻秸栽培双孢菇

双孢蘑菇是目前世界人工栽培较为广泛、产量较高、消费量较大的食用菌之一。为了探究亚麻秸作为双孢菇栽培料主料的可行性，崔艳艳等（2022）以亚麻秸为主料的碳氮比不同的两个栽培料配方，与麦秸培养料配方、玉米芯培养料配方以及两个碳氮比不同的莜麦秸培养料配方作对比栽培双孢蘑菇，比较其菌丝体生长状况，以及双孢菇子实体形态与产量。

每种培养料培养面积按 100 m² 计算。

1 号培养料：亚麻秸培养料配方一（碳氮比为 30∶1），即亚麻秸 1 500 kg，干牛粪 1 695 kg，尿素 15 kg，过磷酸钙 50 kg，石膏 25 kg，石灰 25 kg。

2 号培养料：亚麻秸培养料配方二（碳氮比为 33∶1），即亚麻秸 1 500 kg，干牛粪 995 kg，尿素 15 kg，过磷酸钙 50 kg，石膏

25 kg，石灰 25 kg。

3 号培养料：莜麦秸培养料配方一（碳氮比为 30 : 1），即莜麦秸 1 500 kg，干牛粪 1 685 kg，尿素 15 kg，过磷酸钙 50 kg，石膏 25 kg，石灰 25 kg。

4 号培养料：莜麦秸培养料配方二（碳氮比为 33 : 1），即莜麦秸 1 500 kg，干牛粪 1 125 kg，尿素 15 kg，过磷酸钙 50 kg，石膏 25 kg，石灰 25 kg。

5 号培养料：麦秸培养料配方（碳氮比为 33 : 1），即麦秸 1 500 kg，干牛粪 1 165 kg，尿素 15 kg，过磷酸钙 50 kg，石膏 25 kg，石灰 25 kg。

6 号培养料：玉米芯培养料配方（碳氮比为 33 : 1），即玉米芯 2 200 kg，牛粪 1 765 kg、尿素 15 kg、过磷酸钙 50 kg、石膏 25 kg、石灰 25 kg。

1 号至 6 号培养料配方的双孢菇的子实体每平方米单产分别为 11.25 kg、9.78 kg、10.85 kg、9.40 kg、8.76 kg、13.55 kg。以亚麻秸为主料的配方的产量仅次于玉米芯为主料的配方 6。实验证明，以亚麻秸为主料的栽培料在菌丝生长、双孢菇子实体形态、产量方面表现较好，亚麻秸是优质的双孢菇栽培料主料，对双孢菇栽培主料的选择有重要意义。

七、亚麻屑栽培黑木耳

为了扩充食用菌栽培的原材料，充分利用亚麻屑资源，提高亚麻屑的附加值，王金贺等（2015）开展了亚麻屑栽培黑木耳试验，采用亚麻屑替代木屑作为基质栽培黑木耳的培养料进行黑木耳栽培。对照为 78% 的阔叶木屑、20% 的稻糠、1% 的石灰和 1% 石膏。试验设为亚麻屑替代量分别为 15%、30%、45%、60% 和 78%。结果表明，利用亚麻屑部分替代阔叶木屑作为基质栽培黑木耳可行，采用麻屑替代阔叶木屑作为栽培基质，可促进黑木耳菌丝体生长速度，加快菌丝愈合，促进黑木耳原基形成，添加一定量的亚麻屑可提高黑木耳子实体的产量和生物学效率。亚麻屑替代量在45%以下均适合栽培黑木耳，其中，亚麻屑替代量为15%和45%的配方产量较高，略高于对照，亚麻屑替代量为30%的配方产量最高。

  上述不同的食用菌栽培试验表明，亚麻屑在不同食用菌栽培中均可以应用，可以很好地替代一定数量的木屑或其他主料，并可获得较好的食用菌产量及质量。亚麻屑栽培食用菌切实可行，为提高亚麻产业的整体效益开辟了一条新途径。

第六章

亚麻种子的综合利用

亚麻籽中可开发有效成分有 α-亚麻酸、亚麻胶、木酚素、膳食纤维、亚麻籽蛋白等物质。亚麻籽系列产品开发工艺路线如图6-1所示。

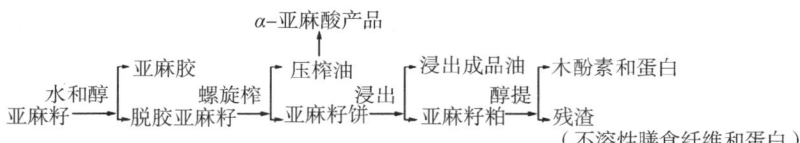

图6-1 亚麻籽系列产品开发工艺路线

对亚麻籽综合开发利用是提高企业经济效益的重要途径，也是产业发展的趋势，但由于目前亚麻籽油加工企业规模一般较小、经济实力较弱，再加上单一开发亚麻籽油产品经济效益较可观，企业综合开发亚麻籽系列产品的意识和危机感还不够强烈，企业对产品综合开发的重视程度还不够，随着亚麻籽进口量和消费量的持续增加，行业竞争的加剧，对亚麻籽综合开发利用的技术需求会越来越多。目前，我国仍以亚麻籽油生产为主，其他综合开发产品产业化较少（周政，2020）。

第一节 亚麻油

亚麻籽油的主要用途是食用，也可以用于生产油漆等。目前，我国对亚麻籽的利用仍以单一原料生产单一产品亚麻籽油为主，工业生产中使用的亚麻籽油制取工艺有压榨法、溶剂提取法、超临界CO_2萃取法等方法。

一、压榨法

该法是利用机械外力将油从油料中分离出来。根据入榨前是否对油料进行热处理，亚麻籽油压榨主要有热榨、冷榨两种方法。热榨是先将亚麻籽原料炒至120℃左右，再进入榨油机中榨油，其工艺流程为：亚麻籽→清理→蒸炒→热榨→（沉淀）过滤→热榨毛油。

冷榨是不对亚麻籽原料做任何加热处理，直接榨油，其工艺流程为：亚麻籽→清理→冷榨→（沉淀）过滤→冷榨毛油。

热榨法出油率高，油脂有烤香味，但其中的α-亚麻酸等不饱和脂肪酸会因高温而部分氧化损失；冷榨法出油率低，可最大程度上防止不饱和脂肪酸氧化变质。在微量营养成分上，冷榨亚麻籽油维生素E含量明显高于热榨油，而热榨油的甾醇和磷脂含量明显高于冷榨油（任我行 等，2017）。杨金娥等（2013）通过对冷榨和热榨亚麻籽油挥发性成分进行比较，发现采用不同的热处理温度，压榨亚麻籽油挥发性成分发生明显变化。冷榨亚麻籽油中挥发性成分以醇类为主，主要挥发性化合物有正己醇、2-丁醇、戊醇、2-甲基丁醇、正己醛、2乙基呋喃；热榨亚麻籽油挥发性成分中醇类化合物减少，糠醛和糠醇及杂环类化合物大量产生，这些化合物相对含量明显随温度升高而大幅增加，并形成热榨亚麻籽油特有的风味。通过对压榨亚麻籽油中挥发性成分中有害化合物的种类和含量进行研究，冷榨亚麻籽油挥发性物质中有害物质显著低于热榨亚麻籽油，冷榨亚麻籽油具有更高的食用安全性；而随亚麻籽热处理温度升高，压榨亚麻籽油挥发性成分中有害化合物快速上升，影响到热榨亚麻籽油的食用安全性。热榨挥发性成分中出现大量芳香杂环类化合物,对人体具有一定的毒副作用,所以,冷榨亚麻籽油更为安全。

二、超临界 CO_2 萃取法

该法是将油料装在萃取柱里,先萃取再分离,最后得到亚麻油。超临界 CO_2 萃取法是一种新型的分离技术,具有传质快、萃取率高等优点,同时,安全无毒、无污染、萃取条件温和,能够避免产物发生氧化变质反应。Bozan 等(2002)探索了以超临界 CO_2 萃取法提取亚麻籽油的方法,结果表明,当在 70℃、55 MPa 条件时,亚麻籽油的最大溶解度可达到 11.3 mg/g(以 CO_2 计),通过增大萃取压力和 CO_2 流速,可以显著地提高亚麻籽油的产率;采用超临界 CO_2 萃取法提取的亚麻籽油,其 α-亚麻酸含量会高于溶剂浸提法,而维生素 E 含量偏低,游离脂肪酸含量则相差不大。王文侠等(2009)采用超临界二氧化碳流体萃取亚麻籽油,得到较优工艺条件,且出油率较高。在单因素的基础上,通过正交实验确定超临界 CO_2 流体萃取亚麻籽油的最佳实验条件为:萃取压力为 40 MPa,萃取温度为 50℃,CO_2 流量为 50 kg/h,萃取时间为 90 min。在该萃取条件下,亚麻籽油不饱和脂肪酸的组成主要为油酸、亚油酸、亚麻酸,其中,油酸、亚油酸、亚麻酸的总质量分数分别为 34.71%、15.03%、43.81%。在此条件下亚麻籽油的萃取率达到 80.18%以上(亚麻籽干基脂肪含量 32.35%)。影响超临界 CO_2 流体萃取亚麻籽油的主要影响因素次序为:萃取流量>萃取温度>萃取压力。刘嘉坤等(2017)以亚麻籽为原料,采用超临界 CO_2 萃取亚麻籽油,得到最佳萃取工艺条件为以无水乙醇为夹带剂,料液比(物料与夹带剂质量体积比)1:0.8、萃取温度 46℃、萃取压力 35 MPa、萃取时间 50 min、CO_2 流量 5.5 L/h。在最佳萃取工艺条件下,亚麻籽油得率为 37.98%(亚麻籽初始含油量 39.45%)。与传统分离法相比,超临界 CO_2 萃取法不仅简化了操作流程，而且能耗相对较低，但是由于整个操作过程需在高压条件下进行，对仪器设备和工艺条件的要求相对较高，前期投入会比较大。

目前，超临界 CO_2 萃取工艺已在宁夏六盘珍坊生态农业科技有限公司投产使用。亚麻籽油热榨法处理量小，油得率低、香味浓、颜色深；冷榨法蛋白质破坏小，油得率低、活性物质保留充分；溶剂提取法处理量大，油得率高、杂质多、有溶剂残留、缺乏清香味；超临界 CO_2 萃取法油得率高、杂质少、色泽浅，处理量小。目前，工业化生产仍以压榨法为主（周政，2020）。

三、生物酶法

通过机械破碎方法破坏油料的细胞壁，使特定的酶进入细胞内，从而使脂多糖和脂蛋白分解，最后得到亚麻籽油。陈晶等（2007）利用水酶法提取亚麻籽油，考察了影响出油率的因素，主要有酶的种类、料液比、酶的用量、酶作用时间和 pH 值等。结果显示：采用水酶法提取亚麻籽油的酶解工艺通过优化，得到了最佳工艺条件，即将干法破碎的脱胶亚麻籽，以 1∶5（W/V）的比例与水混合，调节温度为 60℃，用 NaOH 调节至 pH 值 9，然后添加 1.5% 的碱性蛋白酶，反应 5 h 后，调节温度到 50℃，用 HCl 调节至 pH 值 5.0，然后添加 1.5% 的复合纤维素酶，再反应 5 h 后，以 3 000 r/min 的转速进行离心，将得到的乳状液进行离心，最终的游离油得率为 82.26%。王恺等（2022）以亚麻籽为原料，采用果胶酶酶法提取亚麻籽油。采用单因素试验探讨了料液比、酶解温度、酶解时间对亚麻籽油提取率的影响，在此基础上采用响应面法对果胶酶酶法提取亚麻籽油的工艺条件进行了优化。结果表明，果胶酶酶法提取亚麻籽油的最佳工艺条件为亚麻籽粉和水的料液比 1∶5、果胶酶添加量 3%、酶解温度 56℃、酶解时间 6 h，在此条件下亚麻籽油提取率为 85.64%。即采用果胶酶可以有效提取亚麻籽油。

第二节 亚麻胶

亚麻胶（亚麻籽胶）含量为亚麻种子质量的 2%~10%，具体含量取决于亚麻籽的品种和产地。在我国，华北和西北地区为亚麻的主要产地，甘肃、内蒙古、宁夏等地因地理、环境等条件更适合亚麻的生长，故种植面积较大，其中，甘肃会宁被誉为是中国最好的亚麻籽产地。

一、亚麻胶的提取工艺

随着人们对亚麻胶更加深入地探究，其提取工艺逐渐发展起来。亚麻籽胶的基本提取工艺过程如下所示。

原料→粉碎→浸提→过滤→浓缩→醇沉→离心→复溶→浓缩→冷冻干燥→亚麻籽胶粗品。

其中，原料状态、提取方法、浸提条件以及胶液的后期处理这4个步骤为整个过程的核心。

（一）溶剂浸提法

溶剂浸提法要先考虑浸提剂的选择，应最大程度地溶解有效成分，对杂质的溶解度最小，一般都遵循相似相溶的原则。水被认为是最佳浸提剂，因为其经济易得、极性大、安全性强，还可避免由化学试剂产生的污染，并且水在植物组织中的穿透力强，可将亚麻胶最大程度地浸出。Ziolkovska 等（2012）以亚麻全籽为原料，水为浸提剂，通过三级动态逆流萃取法得到了最佳亚麻胶提取条件：料液比 1:25、浸提温度 80℃、浸提时间 30 min，提取物中亚麻胶含量达 70.56%。而侯相林等（2006）利用提取完木酚素的滤饼，通过在 25~55℃水中分别添加木聚糖酶和真菌蛋白多糖酶，可提高亚麻胶的提取率，产品亚麻胶多糖含量大于90%，且蛋白含量低。一般所用浸提剂的酸碱度近中性，若pH值过低，原料中多糖类物质长时间处于酸性条件下会受热分解，结构被破坏，胶黏度下降，并且提取出的亚麻胶中杂质含量增多。用稀盐酸溶液浸提所得的亚麻胶，其黏度低于用水浸提所得的亚麻胶。若采用的浸提剂pH值过高，会将亚麻胶中的大分子多糖分解成小分子多糖，导致胶黏度下降，并且不易溶解、杂质增多。

(二) 物理辅助提取法

在亚麻胶提取的过程中，搅拌、震荡、击碎等强化传质措施能提高所提取成分的扩散速度，有效提高浸提速度，以此提高亚麻胶的提取率。微波辅助提取是目前提取、分离功能因子研究中采用较多的方法之一。其原理是微射线穿透萃取介质直接辐射到细胞内部，产生的热效应加快了萃取组分的驱动力，使溶剂分子汽化速度加快，细胞内的压力升高，细胞壁伸展，当压力超过细胞壁扩张所能承受的最大压力时，细胞壁和细胞膜上形成一个个细小的孔洞，有利于细胞液溢出并在溶剂中扩散，提高提胶率，同时，还可改善目标产物的选择性，使产物的稳定活性最大化。李小凤等（2016）以热水浸提为基础，微波辅助提取亚麻胶，结果表明，微波对亚麻籽的破坏力度大，使细胞内产物获得了最大程度的释放。

超声波辅助提取是通过超声波在浸提剂中产生的一系列物化反应（包括空化反应、机械反应、热效应等）提取植物细胞中的有效成分（李娜，2012）。亚麻胶提取主要是利用空化反应原理，在浸提剂中产生大量小气泡，当声压达到一定值时小气泡破裂释放能量，使局部的细胞组织发生变形、分裂，加速亚麻胶等有效成分的浸出。冯爱娟等（2016）以亚麻籽壳为原料，超声波辅助提取亚麻胶，试验针对料液比、提取温度、提取时间、提取液pH值以及超声功率进行了单因素试验和正交试验，得出料液比

1∶30、浸提温度 90℃、浸提时间 40 min、pH 值 7.0、超声功率 240 W 为最佳浸提条件，提胶率高达 19.8%，并在试验中发现，以上各因素对亚麻胶提取效果的影响顺序为：浸提温度>pH 值>浸提时间>料液比>超声功率。与水浸提法相比，物理辅助提取效率高、时间短、所得提取液中杂质较少、易于有效成分的分离纯化，还具有良好的重现性和稳定性，但能量损耗较大，不利于工业化大规模生产。

（三）胶液的后期处理

从原料中提取得到亚麻胶，胶液中还含有少量蛋白质、矿物质以及其他杂质，因此，还要对亚麻胶进行纯化。水提醇沉法是提取亚麻胶的传统方法。醇沉可以去除胶液中醇溶性小分子杂质，得到亚麻胶，并且乙醇具有杀菌消毒的作用，经过乙醇沉淀的亚麻胶保存期更长。但乙醇作为易燃易爆的化学物品，容易造成安全隐患，所以对工厂的生产及电气设施等要求很高。

胶液浓缩的方法主要有真空浓缩和超滤膜法浓缩分离。真空浓缩是在负压条件下进行，以低压蒸气为热源，浓缩速度快，减少胶液中营养成分的损失；但真空系统投资大，能量损耗也大。超滤膜法浓缩分离是在低压下进行的物理方法，不会使亚麻胶在分离过程中发生分子结构的改变，且工艺流程简单，能耗低。亚麻胶在浓缩过程中易发生褐变，导致黏度下降，所以，这 2 种方法都需要在适当温度下进行。亚麻胶干燥过程是非常重要的，因为这一过程对亚麻胶产品品质的影响最大，并且在干燥的同时亚麻胶定形。亚麻胶常采用冷冻升华干燥、真空干燥和喷雾干燥 3 种方法。冷冻升华干燥需要先对样品进行预处理，操作复杂，处理周期长，容易形成硬壳，成本过高，不利于工业化生产。真空干燥耗时长，费用高，效率低，并且亚麻胶会发生严重的褐变。喷雾干燥包括离心喷雾干燥、压力喷雾干燥、气流式喷雾干燥，是通过增大亚麻胶内水分蒸发面积加速干燥，可以将分离、过滤、浓缩、粉碎等操作一步完成,具有简单迅速、生产成本低、生产效率高、产品质量好等特点,容易实现工业化生产。采用离心喷雾干燥技术得到的亚麻胶成品黏度高,有很好的悬浮稳定性和理想的增稠效果,因此离心喷雾干燥法被认为是工业化生产亚麻胶的最佳干燥方法。

亚麻胶的保存也是至关重要的一步。以液态的形式保存可以避免浓缩干燥过程导致的胶黏度下降或褐变,但亚麻胶中含有的大量多糖和少量蛋白质易遭受微生物的侵袭,所以,液态亚麻胶的保存时间短、贮存条件要求高;若以干燥形式保存,可减少微生物对亚麻胶的侵袭,贮存条件也较为宽松。因此,考虑到长期贮运,亚麻胶多以干燥形式保存。

二、亚麻胶在食品中的应用

亚麻胶营养成分含量高、黏度大、乳化效果好,对有毒重金属、农药等有较强的螯合能力,起到吸附解毒的作用。同时,还可减少糖尿病和心血管疾病发病的可能性,可防止结肠癌和直肠癌的产生,对肥胖症也有治疗作用。因此,亚麻胶被广泛用于肉制品、面制品、乳制品的加工,以及生产化妆品、医疗用品、矿井开采剂等。亚麻胶是目前世界上极少数的天然植物胶之一,美国将其列入《美国药典》,日本将其列入《食品化学药典》,我国国家绿色食品发展中心认定后将其列入绿色食品专用添加剂。

(一) 亚麻胶在肉制品中的应用

亚麻胶是一种以亚麻籽皮为原料,经提取、浓缩、精制及干燥等加工过程制成的天然高分子复合胶,由酸性多糖和中性多糖组成。其中,以 L-鼠李糖、L-半乳糖和 L-岩藻糖等酸性多糖组成的亚麻胶具有较高的黏度及较强的水结合能力,并且具有热可逆的凝胶特性,因此,亚麻胶在肉制品加工工业中可以用来替代绝大多数非胶凝性的亲水胶体,其能与食品体系中其他组分(如水、脂肪及淀粉等)产生交互作用,提高产品的加工特性及品质特性。亚麻胶对脂肪能起到良好的乳化作用，添加到肉制品中能够防止脂肪游离，提高脂肪的稳定性，减少在煮制过程中水分和风味的损失。赵宏蕾等（2022）开展了在肉粉肠的配方基础添加亚麻胶试验。结果表明，在其中添加亚麻胶有助于提高肉粉肠的淀粉糊化度，但添加量过高（0.15%和0.20%）则增加肉粉肠的蒸煮损失，降低乳化稳定性。0.10%的亚麻胶添加量显著改善肉粉肠的质构特性，且对感官特性无负面影响，因此是肉粉肠加工工艺中最佳的亚麻胶添加量。

(二) 亚麻胶在面制品中的应用

亚麻胶添加到面粉中，可使面筋蛋白的网络结构更加紧实、牢固，使面团的筋力、弹性得到改善，制成品口感有咬劲、光滑，煮制时面粉损失和面汤浑浊度降低。亚麻胶与瓜尔豆胶等复配使用在面制品中效果更佳。

(三) 亚麻胶在乳制品中的应用

亚麻胶是一种性能优良的食品稳定剂，常用于搅拌型酸乳生产，可增加黏附性、降低硬度，使酸乳质地均匀细腻，滋味纯正，色泽呈优良的乳黄色，无杂质、气泡和乳清析出现象，且延长保质期。亚麻胶还具有保水、保湿的作用，能够在一定程度上增强冰激淋混合浆料的黏度、降低流度，改善油脂以及含油乳固体的分散程度和冰激淋的膨胀率，有助于提高冰激淋网络结构的强度，使其具有抗融化性。亚麻胶良好的乳化性能也可有效防止冰晶析出，使冰激淋口感更加细腻绵软。亚麻胶作为稳定剂添加到冰激淋中，与添加其他稳定剂的冰激淋相比，前者在口感、内部结构、外观状态、体系稳定性和抗溶性方面均强于后者（白英等 2020）。

(四) 亚麻胶在冰激凌和果冻中的应用

亚麻胶与其他食用胶具有良好的复配性，可用于营养型果冻制作。研究发现，亚麻胶的添加能够改善果冻的凝胶强度、弹性和持水性。在亚麻胶基于调节肠道菌群和减肥作用这一理论研究的基础上，麦蕴诗（2018）将亚麻胶与卡拉胶、黄原胶进行混合获得了具有减肥功效应的复配果冻产品。

第三节　木酚素

一、木酚素的提取方法

亚麻木酚素提取主要以亚麻籽粕作为原料，也有用亚麻籽整籽或者亚麻籽皮作为原料的。亚麻籽的品种、提取方法以及提取条件等因素都会影响亚麻木酚素的提取率，多数亚麻木酚素都是通过有机溶剂法提取。然而，溶剂提取法存在溶剂消耗量大、提取时间长和不利于后续纯化的缺点。近些年，为了提高亚麻木酚素的提取率，人们开始探索更便捷、科学的提取方法。相继出现了包括超声波辅助法、微波辅助法、亚临界水提法和微生物发酵法等在内的新技术，不仅减少了溶剂消耗，缩短了提取时间，还能最大限度减少木酚素的降解，从而提高提取率。超声波辅助法和微波辅助法均能提高亚麻木酚素的提取率并缩短提取时间，但设备不够成熟且功率不宜过高否则将损害提取物，两者逐渐被应用于小规模化工生产领域。亚临界水提法和超临界CO_2萃取法避免了有机溶剂的加入，提取物纯度高、绿色环保、提取效率高，其中，一些效果较好的已投入到规模化工业生产中，但设备运行成本高，目前还不能广泛应用。

（一）有机溶剂提取法

溶剂法是目前亚麻木酚素提取的主要工艺。主要工艺过程为

醇提→分离→浓缩→碱解→酸中和。

葛晓静等（2009）在60℃下以70%乙醇碱溶液（pH值为

12）浸泡亚麻籽 2 h，在此条件下木酚素提取率为 12.21 mg/g。溶剂提取法具有工艺流程简单、设备要求低、操作便捷等优点，同时，也存在着溶剂消耗量大、提取时间长、提取率较低等缺点。

（二）微波辅助提取法

在溶剂提取法的基础上采用微波辅助可以大大缩短提取所需的时间，并且一定程度上提高了亚麻木酚素的提取率。张文斌等（2006）利用微波辅助提取法，用浓度 40.9% 乙醇以 21.9 倍量在 130 W 微波功率下辐照 90.5 s，亚麻木酚素提取率为 2.188%。微波辅助也存在不足，主要是设备不成熟，存在微波泄漏的风险，还有待完善。

（三）超声辅助提取法

超声波辅助提取法可以加速有效成分的溶出，缩短提取时间，增高提取率，并且提取温度不高，有效提高了产品的质量。李会珍等（2016）用 17 倍 60% 乙醇在 40℃下浸泡超声 15 min，超声功率为 400 W，木酚素提取率为 7.18%。但是超声辅助法会使提取物中多种物质的同时溶出，这也为后续的分离纯化带来了一定的影响。

二、亚麻木酚素的纯化工艺

目前，用于亚麻木酚素分离纯化的方式有大孔吸附树脂法、硅胶色谱法和 Sephadex LH-20 凝胶柱法。

（一）大孔吸附树脂法

大孔吸附树脂是层析柱填料中相对廉价的一种，其在水溶性有机化合物的提纯方面有广泛应用。张文斌（2007）通过大量实验得出用 X-5 为分离介质纯化亚麻木酚素粗品，得到含量为 65.7% 的亚麻木酚素产品，树脂回收率在 80.8% 左右；李琳等（2008）采用 AB-8 型大孔吸附树脂分离纯化亚麻木酚素粗品，得到含量为 81% 的亚麻木酚素产品，树脂回收率在 78.6% 左右。王尉等（2019）采用 AB-8 大孔吸附树脂对亚麻籽水解物进行初步分离，依次使用蒸馏水和 80% 乙醇溶液洗脱，收集 80% 乙醇溶液洗脱产物，旋转蒸发去除溶剂，可得亚麻籽初步分离样品 105 mg。然后，采用高速逆流色谱（HSCCC）对该样品进行纯化，溶剂体系为叔丁基甲醚—正丁醇—乙腈—水（1∶3∶1∶5，V/V），转速 900 r/min，流速 1.2 mL/min，分离温度 25℃，检测波长 280 nm。根据 HSCCC 图谱收集目标化合物，旋转蒸发去除溶剂，冷冻干燥后得到高纯度亚麻木酚素样品 58 mg，其纯度为 99.3%~99.5%。此方法具有吸附容量大、物理化学稳定性高、吸附速度快、选择性好、再生处理方便、解吸条件温和、宜于构成闭路循环、使用周期长、节省费用等诸多优点。但此方法只适用于亚麻木酚素的粗分离，要想得到纯度更高的产品，还需采用其他分离纯化方法。

(二) 硅胶色谱法

硅胶柱分离的对象主要是中等分子量的物质，尤其是复杂的天然物质，这类物质的极性范围很大，对于性质相近的物质，硅胶柱能够提供很好的分离效果。张文斌（2007）采用硅胶色谱法二次洗脱分离出亚麻木酚素样品，纯度为 91.85%，硅胶柱的回收率为 92.4%。硅胶色谱法所用洗脱溶剂毒性较大，且回收困难，并且纯化规模小，成本较高，所以在工业化生产中有效推广具有局限性。

(三) Sephadex LH-20 凝胶柱法

亚麻木酚素分离纯化采用 Sephadex LH-20 凝胶柱层析法不仅对极性不同的物质具有一定的分离纯化作用，还可以根据分子大小不同进行排阻的能力。张文斌（2007）采用 Sephadex LH-20 凝胶柱法，二次洗脱分离得到亚麻木酚素，纯度达到 96.6%，凝胶柱的回收率为 97.2%。该方法可以得到纯度较高的亚麻木酚素，但其价格比较高，成本投入比较大，且清洗比较费时。所以，此方法具有一定的局限性。

三、亚麻木酚素的应用

(一) 木酚素在癌症中的应用

木酚素有良好的抗癌潜能,因为它具有抗增殖、抗氧化、抗雌激素和抗血管的作用,能抑制乳腺癌、肺癌、胰腺、结肠、前列腺、宫颈癌等各类癌细胞。焦璐等(2017)发现由于木酚素的作用胃癌细胞的增殖、横向及纵向迁移能力受到抑制。同时,还发现亚麻籽中的活性物质对结肠癌细胞具有协同作用,能显示出潜在的抗癌和抗炎活性。总的来说,SDG及其衍生物具有良好的抗癌能力。然而,抗癌的作用可能归因于木酚素的代谢产物,也有可能是因为木酚素与雌性激素的竞争作用,具体的抗癌机理还需要进一步的研究,不过可以明确的是木酚素的摄入量、种类、摄入时期对摄入后的效果均有影响。

(二) 木酚素在糖尿病中的应用

部分临床医学实验也证明了木酚素可以调节血糖血脂。贡丽雅等(2022)让临床患者口服 SDG 300 mg,一段时间后患者的总胆固醇、高密度脂蛋白胆固醇、糖化血红蛋白值明显降低。Haldar(2020)给予高胆固醇患者服用米糠与亚麻籽混合物后,临床患者的低密度脂蛋白胆固醇、总胆固醇和血糖水平有所下降,这说明亚麻籽木酚素对糖尿病患者血糖和血脂有一定的改善作用。补充亚麻籽可降低 II 型糖尿病患者的血糖,并降低糖尿病患者前期的血糖(Soltanian et al.,2018)。梁霞等(2010)的研究显示 4 周 150 mg SDG 的干预对改善中老年妇女血糖有显著降低作用。另一项在中国人群进行的双盲随机交叉安慰剂对照试验结果显示,360 mg/d SDG 与安慰剂比较 HbAlc 显著降低,但并未观察到 FBG、胰岛素浓度、胰岛素抵抗和血脂水平变化。木酚素作为一种酚类物质,其降血糖作用可能与其淀粉酶、葡萄糖苷酶抑制作用有关。

(三) 木酚素在防控心血管疾病中的应用

Elsayed（2023）通过口服亚麻籽木酚素试验，4周后临床患者的相对心脏重量不仅降低，还可以改善心脏肥大的结构和功能。由此可见，亚麻木酚素对心血管疾病的预防可能是因为亚麻木酚素的其他成分或多种成分共同作用的结果。看来，增加膳食亚麻籽和SDG在该领域的价值及其在人体实验功效的研究是未来一个优先发展的方向，因此，应不断加强亚麻各成分之间作用关系的研究，为亚麻籽木酚素的综合利用提供科学依据。

此外，亚麻籽富含木酚素和亚麻酸，有利于肥胖的治疗，能够改善肥胖者的脂联素水平。Motlagh等（2021）研究了亚麻木酚素对脂联素的影响，结果表明，治疗组的脂联素水平从12.11升高到17.15，证实了亚麻木酚素有利于改善肥胖者的代谢水平。将亚麻籽木酚素的生理活性及化学成分相结合，能够从亚麻籽木酚素中获得营养价值高、药用价值高的保健品及可入药的功能性产品，进而提高亚麻籽的经济附加值（姜忠娟 等，2023）。

第四节 亚麻酸

一、α-亚麻酸的制备

可以用于α-亚麻酸的制备的方法比较多，目前，比较常用的分离方法有尿素包合法、分子蒸馏法、超临界流体萃取法等（巩振虎 等，2021）。

（一）尿素包合法

尿素包合法就是利用尿素对不同脂肪酸的包合作用进行分离提纯的方法。包合作用是一种分子间的物理过程，指一种分子被包嵌于另一种分子的空穴结构内，形成非化学键络合物的过程。这种非化学键络合物又称包合物，由主分子和客分子两种组分加合构成，主分子具有较大的空穴结构，足以将客分子容纳在内形成分子胶囊。主客体之间主要以范德华力、氢键等分子间弱相互作用为主，同时受两者的分子结构和大小影响。在一定条件下，它们还可以按原样进行分离，所以，非常适合于提纯过程。

当处于有机溶剂的环境下时，尿素分子在结晶过程中形成的结构具有较大的空腔，能够与一些脂肪酸形成稳定的六面结晶体。尿素与脂肪族化合物形成包合物的基本条件是碳链必须大于4个原子的直链脂肪酸，太小的话会因为作用力太弱，不能形成稳定的包合作用。此时的尿素包合物结构是以一个直链脂肪族化合物为轴心，尿素分子之间通过强大的氢键力绕着这根轴心以右手盘旋上升，将其紧紧包合住，从而形成正六棱柱。饱和脂肪酸分子则正好可以满足条件，而不饱和度较高的脂肪酸由于双键较多，分子上碳链弯曲，具有一定的空间构型，不易被尿素包合。同时，采用过滤的方法可以除去饱和脂肪酸和单不饱和脂肪酸与尿素形成的包合物，再经过降低温度就可以让包合物解离，其中，尿素可以循环使用。利用这一原理，就可以将混合脂肪酸中的饱和脂肪酸和低不饱和脂肪酸分离出去，达到分离提纯 ALA（α-亚麻酸）的目的。

(二) 分子蒸馏法

根据分子运动理论，液体混合物受热后分子运动会加剧，当接受到足够能量时，就会从液面逸出成为气相分子。在此过程中，根据分子平均自由程的定义，不同的分子由于其分子有效直径不同，故其平均自由程也不同，即不同物质分子逸出液面后不与其他分子碰撞的飞行距离是不同的。当液体混合物沿加热板流动并被加热时，轻、重分子会逸出液面而进入气相，由于轻、重分子的自由程不同，轻分子可以达到冷凝板被冷凝排出；而重分子达不到冷凝板，最终实现动态平衡，这样轻、重分子就可以达到分离的目的。基于上述分子平均自由程的差异而实现分离的方法，就是分子蒸馏法，不过一般需要高真空（通常绝对压强为 1.33~0.0133 Pa）的条件。

分子蒸馏是一种特殊的液—液分离技术，它不同于传统蒸馏依靠沸点差分离原理，而是靠不同物质分子分子量大小的差别来实现分离。其原理是基于非平衡状态下的蒸馏，与常规蒸馏有本质区别。由于低温高真空的环境不会对物质本身造成破坏，所以分子蒸馏技术特别适合于分离低挥发度、高分子量、高沸点、高黏度，具有热敏性和生物活性天然物质的物料。而这一点，恰恰符合 ALA 的工艺特点，可以有效防止 ALA 的受热氧化，比较适合于混合脂肪酸中 ALA 的分离。张运晖（2013）采用四级分子蒸馏技术，利用刮膜式分子蒸馏设备对亚麻酸进行小试提纯试验，最后可以将原料中的 ALA 由原来的 67.5%提纯至 82.3%。刘金菊等（2019）用分子蒸馏法将亚麻籽油中 ALA 进行了富集，并对蒸馏工艺参数进行了优化。通过设计 Box-Benhnken 试验设计，发现在分子蒸馏纯化 ALA 的最佳工艺条件为蒸馏温度 90℃、蒸馏压力 0.8 Pa、进料速度 0.87 mL/min、刮膜转速 287 r/min。在此工艺条件下，得到 ALA 质量分数为 81.15%、提取率为 78.20%。ALA 的分子蒸馏法的优点主要是其工艺简单、分离效率高，可以进行连续化生产而更适宜实现工业化生产，缺点是对分子量相近的脂肪酸组分分离效果就不太明显，需要进一步优化。

（三）超临界流体（CO_2）萃取法

超临界流体是指物质本身状态处于临界温度和临界压力以上的流体。在超临界状态下，流体的性质介于气体与液体之间，同时，兼有气液两重性的特点，既有与气体相当的高渗透能力和低的黏度，又兼有与液体相近的密度和对许多物质优良的溶解能力和传质性能。在超临界状态下，将超临界流体与待分离的物质接触，把混合物中的成分有选择性地萃取出来的方法即是超临界流体萃取法（SFE）。因此，在这种工艺中，超临界流体必须稳定、安全、易于操作，对待萃取物质有足够大的溶解度，同时又有良好的选择性。

2016年，王心怡等（2016）以亚麻籽为原料，用超临界CO_2萃取法对ALA进行分离提纯，考察了萃取压力、萃取温度、萃取时间等因素对分离效果的影响。不同的工艺对原料的出油率和产物中ALA的含量均有影响，可通过将产物中脂肪酸甘油酯的衍生化，用气相色谱面积归一化法定量分析得出。研究表明，超临界CO_2萃取亚麻籽中ALA的优选工艺为萃取压力30 MPa、萃取温度40℃、萃取时间2 h。在优选工艺条件下进行了3次萃取实验，最终的平均出油率与ALA的平均含量分别为24.7%、12.5%。

二、α-亚麻酸利用

（一）食品方面的应用

目前，市场上出现的富含或添加了α-亚麻酸的食品主要有奶粉、植物油、休闲食品、营养粉等，如亚麻籽花生曲奇饼干、亚麻籽油蚕豆、亚麻酸营养油、α-亚麻酸粉、孕产妇营养羊奶粉、α-亚麻酸小杂粮饼干等。与来源于鱼油的DHA和EPA相比，α-亚麻酸应用于食品具有明显的优势。一方面，是因为α-亚麻酸来源植物的籽或仁，如亚麻籽、美藤果仁等，有籽皮或壳包被，使用过程比鱼油更方便，而且不易氧化变质。另一方面，由于富含α-亚麻酸的植物油没有鱼油的腥味，还更能被大众所接受。意大利博洛尼亚香肠，是用亚麻籽油取代一部分的藻类油，这样能有效减少藻类油的腥味。

（二）保健品方面的应用

自1993年，世界卫生组织和联合国粮食和农业组织就联合发表声明要专项推广α-亚麻酸以来，α-亚麻酸的保健品日益丰富，主要应用于制作软胶囊和保健植物油。目前，国外市场上流行α-亚麻酸保健软胶囊有新西兰深蓝健康亚麻籽油软胶囊、普丽普莱亚麻籽油软胶囊等。近年来，我国对α-亚麻酸的补充也日益重视。我国营养学会 2013 版《中国居民膳食营养素参考摄入量（DRIs）》中首次增加了 α-亚麻酸推荐值，规定中国居民（孕妇）每天摄入 1 600~1 800 mg 为宜，国内现流行的 α-亚麻酸保健软胶囊受欢迎，一些地方甚至还出现了富含 α-亚麻酸的保健凝胶糖果、饼干等。

植物保健油近年来广受大众欢迎，它具有食、药两用的功效，主要代表产品有紫苏籽油、亚麻籽油以及普洱联众生物资源开发有限公司最近上市的美藤果油。与鱼油不同的是这些富含 α-亚麻酸的植物油同时富含多酚、植物甾醇等内源性抗氧化剂，这使得 α-亚麻酸在人体内更加稳定。

（三）日化用品方面的应用

α-亚麻酸是短链的不饱和脂肪酸，与细胞膜有很强的亲合力，能深入渗透皮肤内部，补充皮肤营养，具有较强的修复皮肤损伤、抗过敏、保湿等功效。目前，国内的普洱联众生物资源开发有限公司已开发了多种美藤果油护肤品，如美藤果冷制养肤皂、美藤果舒缓修护精华油等，并通过人体实验证明了在护肤品中添加美藤果油确实可以增加皮肤的保湿能力和弹性。富含 α-亚麻酸等多不饱和脂肪酸的护肤品是目前化妆品市场的发展趋势。

（四）医药方面的应用

目前，α-亚麻酸对预防心脑血管疾病、降低血脂、抑制癌症发生与转移、抗衰老、增强智力等功效是国际医学界和营养学界公认的，欧美大部分国家以及日本等国已经立法，将 α-亚麻酸作为药物和食品添加剂用来预防和治疗心血管疾病、癌症、老年痴呆症、视力下降等病症。但 α-亚麻酸稳定性差，为了增强其稳定性，常将 α-亚麻酸进行乙酯化生成 α-亚麻酸乙酯。α-亚麻酸是短链的脂肪酸，与其他药物聚合在一起，可以增强药物的吸收性、疗效性甚至靶向性，降低药物的毒副作用。Xiao 等（2014）发现 α-亚麻酸与低分子量软骨素硫酸盐聚合后，其聚合物 α-LNA-LMCS 比传统的硫酸软骨素（CS）吸收性更好。Liang 等（2014）研究表明，

α-亚麻酸与阿霉素合成的 DOX-hyd-LNA 比阿霉素对肿瘤的治疗效果更好，且具有靶向性。植物甾醇具有降血脂、降胆固醇、预防心血管疾病等生理功能，但脂溶性弱，与 α-亚麻酸一起合成 α-亚麻酸甾醇酯，能有效增强其功效，且拓宽其在脂溶性医药品中的应用（吴俏槿 等，2016）。

国外很多超市也都可以看到补充 α-亚麻酸的保健品和食品。但国内人们对 α-亚麻酸的认识普遍不足，很多人甚至都没听说过，α-亚麻酸补充剂在国内也较少见，其存在的主要问题是：虽然目前对 α-亚麻酸纯化技术研究较多，但应用于大规模的工业化生产难度大；α-亚麻酸极易发生氧化，难以应用在一些需要高温加热、高温杀菌或长期放置在空气中的食品上。就这方面而言，开发富含 α-亚麻酸的植物油或植物油料是更加可行的方法，但纯度不够难以应用在医药方面，所以，还需加强对 α-亚麻酸的纯化技术及抗氧化方面的研究（吴俏槿 等，2016）。

第五节　蛋白质

一、亚麻籽蛋白的提取与纯化

亚麻籽蛋白主要由球蛋白（11S、12S）和白蛋白（1.6S、2S）组成，球蛋白和白蛋白分别占总亚麻籽蛋白的 56%~73.4% 和 20%~42%，其分子量分别为 252~298 kDa（球蛋白 11S）、10~50 kDa（球蛋白 12S）和 10 kDa（白蛋白 1.6S）、16~17 kDa（白蛋白 2S），其天冬氨酸、谷氨酸和精氨酸含量较高。另外，Chung 等发现，亚麻籽蛋白具有比大豆分离蛋白或油菜籽蛋白更低的赖氨酸/精氨酸比率，其比率可低至 0.25，这有利于开发婴幼儿食品或者作为改善心脏健康的营养补充剂。亚麻籽蛋白具有与大豆分离蛋白相当的氨基酸模式，含有人体所必需的 8 种氨基酸，是一种优质的植物蛋白。

油料蛋白的提取方法主要有对流提取法、逆流萃取、超滤工艺、等电点沉淀、离子交换、碱提酸沉法、反胶束溶液萃取、膜分离、酶法等。基于蛋白含量、分子量以及电荷的不同，可以利用胶束化、碱提酸沉法或者等电点沉淀的方法来分离不同的亚麻籽蛋白组分。在亚麻籽蛋白提取分离方面，国内外普遍采用的方法是碱提酸沉法。

国内学者的研究主要集中在亚麻籽蛋白提取工艺条件的优化方面。许光映等（2012）采用碱提酸沉的方法对从亚麻籽中分离亚麻籽蛋白的工艺条件进行研究，研究结果表明，最佳工艺条件为提取液 pH 值 9.5、料液比 1∶30（W/V）、提取温度 60℃、提取时间为 180 min，在此条件下亚麻籽蛋白的提取率达到 51.65%，提取的蛋白含量达到 92.27%，虽然其蛋白含量可以达到分离蛋白的要求，但是，提取率相对较低。胡爱军等（2013）在碱提酸沉法的基础上添加了超声波辅助，提取亚麻籽粕蛋白的条件优化，得到最优提取条件为料液比 1∶30（W/V）、提取 pH 值 9.5、超声功率 360 W、提取时间 60 min，在此条件下进行验证试验，通过二次浸提亚麻籽分离蛋白提取率可达 75%，超声提取时间仅为非超声提取时间 1/3，超声提取率提高 23.35%；由此可见，超声提取亚麻饼粕分离蛋白是一种高效高提取率方法。徐江波等（2014）以亚麻籽为原料，应用响应曲面法研究浸提温度、pH 值、时间、料液比对亚麻籽蛋白提取率的影响，并建立该工艺的二次项模型。确定亚麻籽蛋白最佳工艺条件为料液比 1∶20、提取时间 90 min、提取温度 50℃、浸提液 pH 值 10，在此条件下的亚麻蛋白提取率为 79.26%，纯度达到 92.34%。孙红（2015）以乙醇辅助水相法提取亚麻籽油后的渣相为原料，开展了蛋白质的提取研究。对所得渣相亚麻蛋白同乙醇辅助水相提油工艺中的水相蛋白、脱黏压榨脱脂亚麻蛋白及未脱黏压榨脱脂亚麻蛋白进行了比较。结果表明，从渣相提取亚麻蛋白的最佳工艺为提取温度 70℃、料水比 1∶10（W/V）、提取 pH 值 10.5、提取时间 90 min，在此条件下，亚麻蛋白的提取率可达 64.79%±0.89%。马德坤等（2022）采用碱提酸沉法提取亚麻籽蛋白。具体如下：将脱脂亚麻籽粉与水按料液比 1∶15（g/mL）混合置于烧杯中，使用 0.1 mol/L NaOH 溶液调节至 pH 值 9，室温搅拌 2 h，维持 pH 值恒定，搅拌结束后离心（4℃，8 000 r/min，20 min），取上清液置于烧杯中；使用 0.1 mol/L HCl 溶液调节至 pH 值 4.2~4.6，离心（4℃，5 000 r/min，5 min），取沉淀，真空冷冻干燥即得亚麻籽蛋白。亚麻籽蛋白含量为 98.86%，提取率为 47.20%。目前，众多学者针对亚麻籽蛋白提取分离的工艺条件的探究已经比较全面，可以在此基础上进行中试研究，为工业化生产奠定基础。

二、亚麻籽蛋白的应用

亚麻籽饼粕的初加工产品已经应用于饮料、能量棒、面包以及火腿产品等。亚麻籽蛋白与亚麻籽胶添加到低温肉制品烤肠与挤压火腿中，能与淀粉形成稳定的络合物，从而延缓淀粉的老化，同时，其较好的亲水性和保水性，能有效解决产品水分流失问题，改善其组织结构，增强咀嚼性。亚麻籽蛋白能抑制细菌活性，特别是对粪肠球菌、鼠伤寒沙门菌和大肠杆菌的抑制效果明显。亚麻籽蛋白也能抑制真菌活性，如青霉菌、禾谷镰刀菌和黄曲霉菌等。另外，值得关注的是，中性和碱性环境有利于亚麻籽蛋白抗真菌活性的稳定性。在食品加工储藏过程中，由于亚麻籽蛋白的抗微生物活性效果明显，因此，将其作为防腐剂添加到食品中具有广阔的发展前景（李赫 等，2019）。

（一）生产酸奶

亚麻籽蛋白含量丰富，以亚麻籽蛋白为原料生产亚麻籽酸奶，其酸奶的抗氧化活性和降血压活性都比普通酸奶高。李曦（2017）用亚麻籽饼熬煮取浆与脱脂牛乳混合共培养发酵，得到亚麻酸奶的最佳工艺为：亚麻籽饼原浆与纯牛奶分别以4∶6比例混合，将4 g白砂糖加入100 mL混合乳中，加热到60℃后在25 MPa的压力下均质，115℃高压灭菌25 min，灭菌乳冷却至42℃接入发酵剂（市售酸奶发酵剂），接种量为1 g/L，在42℃条件下发酵，6 h后发酵结束并在4℃冷藏，制得亚麻酸奶的可滴定酸度高于70°T，符合《食品安全国家标准 发酵乳》（GB 19302—2010）关于风味发酵乳中关于酸度的相关规定（酸度>70°T）；且此时亚麻酸奶的凝乳状态较好。此款酸奶具有较好的抗氧化活性和降血压活性，同时具有独特的亚麻香味，口味独特，营养丰富。

（二）在肉制品上的应用

亚麻籽蛋白属于营养价值较高的植物蛋白，通过加工后可以作为人类的营养添加剂或功能性食品添加剂，适量添加在肉制品中可以提高肉制品的品质特性。亚麻籽胶与亚麻蛋白用于烤肠、盐水火腿类肉制品，可起到持水保油、提高产品出品率的作用，同时，还可改善产品切片性、增强咀嚼感。亚麻籽胶与亚麻蛋白能与淀粉形成稳定的络合物，延缓淀粉老化，维护产品配方中其他组分的稳定性（金宇集团，2002）。詹碧琳等（2013）开展了亚麻籽分离蛋白加入鱼糜制品中的试验，亚麻籽分离蛋白制备：亚麻籽饼粉碎，按料液比1∶10加入体积分数80%乙醇溶液，在55℃下搅拌浸取2 h去氰苷，40℃低温脱溶，得亚麻粕粉。亚麻粕粉，按料液比1∶20加入水，70℃下搅拌浸取2 h，离心，下层沉淀真空干燥后用于提取亚麻粕分离蛋白，按料液比1∶10（g/mL）加入水，调至pH值10，50℃下搅拌浸取2 h，离心，取上清液，重复浸取1次，上清液用稀HCl溶液调至pH值7，旋转蒸发后喷雾干燥得到亚麻籽分离蛋白。亚麻籽分离蛋白中蛋白质为78.96%。鱼糜制品的制备：取500 g鱼糜半解冻，空斩5 min后加入鱼糜质量3.0%的食盐进行盐斩 5 min，加入适量冰水（使鱼浆含量为 80%），再加入蛋白添加剂继续斩拌 5 min；斩拌中鱼浆温度应严格控制在 10℃以下；斩拌结束后将鱼浆填充至塑料肠衣中；采用二段加热法（40℃/30 min，93℃/20 min），加热后于冰水中冷却 10 min，4℃冰箱放置 12 h 后测定。添加 0~12% 亚麻籽分离蛋白。随着添加量的增加，鱼糜制品的破断强度逐渐增强，添加量为 10% 时达到最大值，继续增大添加量，破断强度则无明显增强。在此研究的基础上，应用响应面法研究了亚麻籽分离蛋白、亚麻胶、卡拉胶复合应用于鱼糜制品的最优添加配比，即在亚麻籽饼粕分离蛋白 11.01%、亚麻胶 0.34%、卡拉胶 0.30% 的添加量下，鱼糜制品的实际凝胶强度为 4 935.03 g·mm，是对照组的 1.57 倍，因此，这种复合型凝胶增强剂在鱼糜生产中具有很大的应用价值，可大幅提高亚麻加工副产品的利用率，增加该类产品的附加值。

（三）研制冰激淋

传统的冰激淋热量和脂肪含量都很高，食用过多会对身体健康产生危害。亚麻籽蛋白中的谷氨酰酸和组氨酸能够有效提高人的身体机能，在一定程度上对结肠癌有抑制作用。吴兴雨等（2020）用植物型亚麻籽蛋白研制了一款新型亚麻籽蛋白冰激淋。该冰激淋以冷榨法榨油后的亚麻籽饼粕为原料，将亚麻籽饼粕采用酶制剂提取脱胶、脱脂获得亚麻籽蛋白，研究亚麻籽蛋白在冰激淋配方中的应用。影响亚麻籽蛋白冰激淋的因素为亚麻蛋白、奶油、脱脂奶粉和蔗糖，以感官评价为指标，采用单因素实验和正交实验优化亚麻蛋白冰激淋配方。确定最佳配方为亚麻蛋白含量 3%、脱脂奶粉含量 13%、奶油含量 15%、蔗糖含量 16%。应用此配方亚麻蛋白冰激淋感官评分为 95.32 分±0.41 分，膨胀率为 69.67%±0.91%，抗融性 5.28%±0.98%。该款新型冰激淋的研制不仅丰富了冰激淋的品种，提高了冰激淋的营养价值，而且降低了冰激淋的成本。

(四) 酿造酱油

亚麻籽饼粕中含有多种呈味氨基酸,且蛋白含量丰富,蛋白含量与大豆蛋白总量相差无几,因此,可作为酱油的生产原料。李勇奇(1995)采用共固定化多菌种混合发酵法用亚麻籽饼粕作为原料代替大豆粕制作酱油。原料配比为亚麻粕60%、麸皮20%、小麦20%。低盐固态发酵工艺流程如下。

亚麻籽饼粕(脱毒)+麸皮+小麦(粉碎)→混合→润水→蒸煮→冷却→接种→成曲→拌盐水→入池→发酵→淋油→灭菌→澄清→质量鉴定→成品。

生产出来的酱油在理化指标和卫生指标上均符合食用酱油的标准。

(五) 制作饼干

传统的饼干一般是以小麦粉为主要原料来制作的。我国的植物蛋白资源十分紧缺,而亚麻籽蛋白是优质的蛋白质食物来源。吴兴雨等(2021)利用亚麻籽蛋白质制成了口味独特、营养丰富的亚麻饼干。这一研究不仅提高了饼干的蛋白质含量,还充分体现了亚麻籽饼粕的经济价值。

亚麻籽蛋白提取工艺流程如下。

亚麻籽饼粕→脱脂处理→酶法浸提→离心取上清液→酸沉→离心→沉淀→水洗至中性→离心过滤干燥→亚麻粗蛋白

亚麻蛋白饼干制作工艺流程如下。

蛋液→混匀←搅打(黄油、糖粉、亚麻粗蛋白)

↓调浆→挤出成型→烘烤→冷却→包装→成品(食盐、低筋面粉、蔓越莓干)

基础配方为低筋面粉140 g、亚麻蛋白2.5 g、黄油60 g、糖粉30 g、碳酸氢钠0.5 g、鸡蛋25 g、蔓越莓干20 g、食盐0.5 g。

通过试验优化,对其中的4种配料用量进行了调整。亚麻籽蛋白饼干的最佳配方为亚麻籽蛋白粉2 g、黄油62 g、糖粉32 g、碳酸氢钠 0.4 g。根据最佳的试验配方制作出的饼干具有营养价值高、风味独特、色泽较佳等特点，可以作为市场饼干新口味的功能性的饼干投放在市场中。

第六节 亚麻肽

一、蛋白酶解肽的制备

制备活性肽常用的方法是酶解法，其关键在于选择蛋白酶的种类和酶解条件的优化。常用的蛋白酶主要有碱性蛋白酶、中性蛋白酶、胰蛋白酶、胃蛋白酶、木瓜蛋白酶、风味蛋白酶。亚麻籽蛋白酶解法制备活性肽的一般工艺流程如图 6-2 所示。分离纯化活性肽的方法有膜分离技术、盐析法、电泳法以及层析技术等。分离纯化亚麻籽活性肽常采用的方法是超滤和凝胶过滤层析（尺寸排阻色谱法），即利用不同分子截留量的超滤膜分离亚麻籽蛋白酶解产物并测定其组分的抗氧化活性，低分子量活性肽比高分子量活性肽具有更好的抗氧化活性。

首先，将亚麻籽蛋白进行酶解，发现在酶解时间为 4 h 时，亚麻籽蛋白酶解肽的胆固醇胶束溶解度抑制率最高，为 47.57%。对酶解时间为 4 h 的亚麻籽蛋白酶解肽进一步超滤处理，发现相对分子质量≤3 kDa 超滤组分的胆固醇胶束溶解度抑制率最高，为 70.96%。采用≤3 kDa 的超滤组分进行动物实验，结果表明，与高胆固醇饮食组相比，亚麻籽蛋白酶解肽≤3 kDa 超滤组分能够增加小鼠的食物摄入量和体重，降低肝脏指数，降低血清总胆固醇（TC）、甘油三酯（TG）、低密度脂蛋白胆固醇（LDL-C）水平，提高血清高密度脂蛋白胆固醇（HDL-C）水平，降低肝脏 TC、TG 水平，改善肝脏脂肪变性程度，增加粪便总胆汁酸（TBA）的排泄

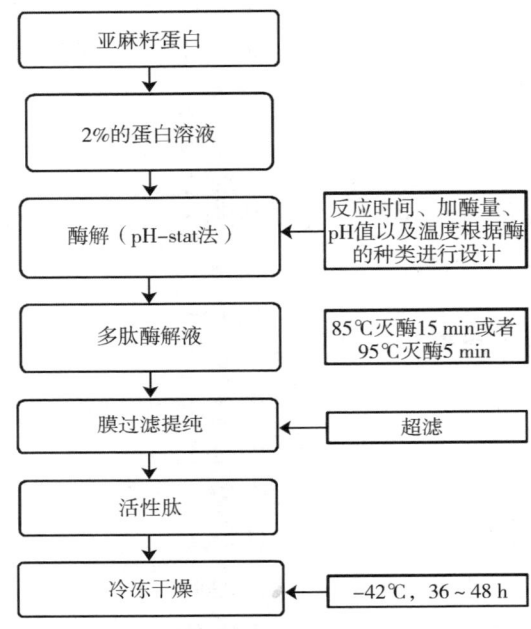

图 6-2 酶解法制备亚麻籽活性肽的工艺流程

量,并且可以通过降低丙二醛(MDA)含量提高超氧化物歧化酶(SOD)活力来减轻高胆固醇饮食导致的氧化应激反应。以上结果表明,亚麻籽蛋白酶解肽≤3 kDa 超滤组分具有一定的降胆固醇作用,有望成为新型的降胆固醇功能性成分(侯一峰 等,2023)。

二、亚麻籽中环肽的提取

亚麻籽环肽是一类以肽键首尾相连的均环肽,具有抗氧化、抗炎、免疫抑制、抗疟疾、抗癌和螯合金属离子等多种生物活性,在食品、化妆品和药品等领域具有较大的应用潜力。

雷雨等(2023)对亚麻籽中环肽的研究结果表明,脱胶脱脂方法都会影响环肽的提取,在 100 U/g 酶法脱胶时亚麻籽黏壁程度较轻,且在脱胶后干燥耗时短,亚麻籽颜色较深,脱胶量为 9.34

g。采用 1∶3 的料液比所得的蛋白质质量和 1∶6 的料液比处理的亚麻籽粉末所得到的蛋白质质量相差不大，但在蛋白纯度和纯蛋白提取率方面，1∶6 的料液比效果更好。试验通过 2 种不同的方法测定蛋白质，得出凯氏定氮法在 0.5 g 的亚麻籽粉末样品中蛋白质含量约为 0.23 g，考马斯亮蓝法得出环肽粗蛋白的提取率为 64.9%，提取的蛋白纯度为 58.32%。此外，试验通过 HPLC 对环肽蛋白进行测定，得出提取的环肽粗蛋白中含有氧化的环肽，并对提取出的环肽粗蛋白采用了柱层析法进行分离纯化证明成功分离出环肽。

张宇（2024）采用甲醇-磷酸氢二钾（K_2HPO_4）双水相体系有效提高了纯化产物中亚麻籽环肽的纯度，并进一步探究了亚麻籽环肽对皮肤光损伤的修复。首先，采用甲醇-K_2HPO_4 双水相体系对亚麻籽环肽进行纯化工艺的探索。在盐含量 14%、甲醇含量 44%、料液比 1∶30、pH 值 8.7 的条件下，双水相上下相比为 4.91±0.11，环肽的萃取率和分配系数分别为 79.02%±1.08% 和 0.77±0.03。随后，将分离的甲醇相经过脱溶剂、水洗和冻干步骤获得纯化产物，并从中鉴定出 13 种含量较多的亚麻籽环肽，纯度为 76.36%。其次，按照环肽的氧化还原性质，采用制备型液相色谱将环肽分离为还原型环肽（Reduced linseed orbitides，RLOs）和氧化型环肽（Oxidized linseed orbitides，OLOs），并对其理化指标进行测定。结果表明，RLOS 主要由 LOB、LOL、LO-A+P 和 LO-M+O 组成，含量分别为 16.68%、6.19%、68.36% 和 6.23%，纯度为 97.08%；OLOS 包括 LOF、LOG、LOC、LOE、LO-D+J 和 LON，含量分别为 4.23%、22.84%、12.02%、19.72%、8.34% 和 4.23%，纯度为 80.50%。

第七节 亚麻芽菜

一、亚麻籽芽苗菜的培养应用

(一) 发芽温度以及发芽过程中营养的变化

党玲等（2020）研究了发芽温度以及水培后不同发芽长度（萌动状态、1 cm、2 cm 和 3 cm）的亚麻籽对还原糖、蛋白质、脂肪、脂肪酸组成含量及榨油后油脂的过氧化值和酸价的影响。结果显示，种子发芽过程中适宜的发芽温度是提高产品质量和产量的重要因素。通过不同温度下亚麻籽发芽试验，获得亚麻籽发芽的最适温度为 25℃，发芽率为 93%。

在 25℃恒温条件下，培养亚麻籽发芽至萌动状态（0.1 cm）、1 cm、2 cm 和 3 cm 时，蛋白质含量随着芽长度的增加呈先增加后减少趋势。萌动状态（0.1 cm）时，由 15.06% 增加至 17.34%；发芽长度为 1 cm 时增加至 19.36%；当发芽长度至 2 cm 时，蛋白质含量达到最高值为 21.63%；当发芽长度 3 cm 时，蛋白质略降低至 20.55%。

亚麻籽发芽至萌动状态时，种子内原有的还原糖为芽冲破种皮提供能量，在芽的继续生长过程中，对能量的需求越来越大，种子内原有的大分子还原性糖不断被分解，所以，随着亚麻籽发芽长度的增加，还原糖含量逐渐降低。当发芽至萌动状态时，还原糖含量最低，由 0.09% 降低至 0.07%。发芽至萌动状态（0.1 cm）时，亚麻籽中脂肪含量降至最低，由 31.43% 降至 27.97%。随着长度增加，由芽变成苗，脂肪含量略增加，但仍然小于初始值 31.43%。亚麻酸含量的增加有一定的提升，饱和脂肪酸、油酸及亚油酸逐渐降低。亚麻酸含量随着发芽长度的增加出现先增加后降低的趋势。

当发芽至 2 cm 时，亚麻酸含量达到最大值，含量由 55.85% 升高至 60.25%。未发芽亚麻籽榨出毛油的过氧化值为 0.2 mmol/kg，亚麻籽发芽过程中，随着发芽长度的增加，油脂氧化速度呈现上升的趋势，亚麻籽中分解酶、脂酶和脂肪氧化酶在萌发过程中逐渐被激活，脂肪被分解成甘油和脂肪酸，同时，水培发芽增加了水分含量，使游离脂肪酸增加，酸价逐渐升高，但升高速度较为缓慢。

所以，发芽能富集亚麻籽蛋白质和亚麻酸的含量。亚麻籽最佳发芽长度为 2 cm，蛋白质含量由 15.06% 增加至 21.63%，亚麻酸含量由 55.85% 升高至 60.25%，还原糖与脂肪含量随着发芽长度的增加而降低。亚麻籽油的过氧化值和酸价随着发芽长度的增加而缓慢上升。通过发芽提高亚麻籽中功能性成分 α-亚麻酸，进而提高了亚麻籽油的品质（党玲 等，2020）。

(二) 富集微量元素的芽苗菜的培养

随着社会的进步和人们生活水平的不断提高，人们逐渐开始意识到饮食保健的重要性。因此，从植物中开发营养保健的绿色食品在世界各地受到了普遍欢迎。亚麻籽中富含多种功能营养物质，如 α-亚麻酸、亚麻胶、亚麻蛋白、木酚素等，亚麻籽是非常好的保健品原材料。萌发被认为是一种常用食品生物加工技术，并且萌发后芽菜中整体的营养品质会在一定程度上得到提升，种子萌发对微量元素表现出明显的吸收和显著的富集。

二、微量元素对芽苗菜的生长影响

研究以亚麻种子为材料，用不同浓度食品级亚硒酸钠浸种培育富硒亚麻芽菜，探究在亚麻种子萌发过程中进行硒强化的可能性。试验设计将亚麻种子分别用 1.5% 次氯酸钠溶液消毒 15 min。消毒结束后，用超纯水漂洗至无气味后，分别加入 150 mL 食品级亚硒酸钠溶液，浓度分别为 0（CK）、2.5 μmol/L、5 μmol/L、10 μmol/L、25 μmol/L、50 μmol/L、100 μmol/L 和 200 μmol/L。

24℃浸种 12 h。然后漂洗数次并沥干，放于预先用 1.5%次氯酸钠消毒处理且铺有一层灭菌滤纸的培养盒内铺平，将滤纸用超纯水淋湿（水深不要没过种子），将其置于人工气候箱内于 24℃条件下培养 96 h。每隔 6~8 h 补充一次超纯水，使滤纸始终保持湿润状态即可（李敏，2021）。硫酸锌试验设计同上，硫酸锌溶液中 Zn^{2+} 浓度分别为 0（CK）、0.5 mmol/L、1 mmol/L、1.5 mmol/L、2 mmol/L、2.5 mmol/L、3 mmol/L（李世玉 等，2021）。

（一）Se^{4+} 对芽苗菜的生长影响

当浸种液中 Se^{4+} 浓度在 0~25.0 μmol/L 时各指标总体表现较好。亚麻芽菜的下胚轴长、下胚轴粗和根长均呈现先增加后降低的趋势，芽菜中的含水率变化不明显。浸种液中硒浓度为 5.0 μmol/L Se^{4+} 时，芽菜的下胚轴长、下胚轴粗和根长均达到最大值，分别为 49.34 mm、1.15 mm 和 49.44 mm，分别高于 CK 组 76.97%、13.86%、102.71%。当浸种液中 Se^{4+} 浓度为 25 μmol/L 时，芽菜的下胚轴长、下胚轴粗和根长仍然高于 CK 组，分别高 21.2%、0.99%、14.97%。当浸种液中 Se^{4+} 浓度高于 50 μmol/L 后，芽菜的下胚轴长、下胚轴粗、根长及含水率均出现明显下降的趋势，且均低于 CK。以上结果说明，适当浓度的外源硒浸种可以促进亚麻芽菜的生长（2.5~10 μmol/L），过高浓度却会抑制其生长（>50 μmol/L）。但值得注意的是，亚麻芽菜与其他植物不同，表现出对高浓度硒更强的耐受性（25 μmol/L），这就表明亚麻芽菜可以作为硒强化植物食品的载体。

（二）Zn^{2+} 对芽苗菜的生长影响

锌浓度在 0~2 mmol/L 时各指标总体表现较好。锌浓度在 1~2 mmol/L 时，下胚轴长呈先增加后降低的趋势，但均高于对照组。在 Zn^{2+} 浓度为 1.5 mmol/L 处理时，芽菜下胚轴最长达到 34.58 mm，较对照组高 17.98%；在 1 mmol/L、3 mmol/L 浓度处理下的芽菜下胚轴最粗，均为 1.01 mm；在 0.5~3 mmol/L 浓度范围内，芽菜的根长均低于对照，其中，在锌浓度为 3 mmol/L 时，根长最短为 27.74 mm，较对照降低 28.13%；不同外源锌浸种对亚麻芽菜的含水率影响也较为明显，在锌浓度为 2 mmol/L 时，芽菜含水率最高为 89.36%，较对照提高 3%，而当锌浓度为 3 mmol/L 时，芽菜含水率最低为 84.1%，较对照降低 3.1%。

三、微量元素浸种对亚麻芽菜中主要成分的影响

（一）Se^{4+}对亚麻芽菜中主要成分的影响

当 Se^{4+} 浓度为 2.5 μmol/L 时芽菜中蛋白质含量达到最大值 15.61 mg/g，与 CK 组相比增加了 5.04%。硒有调节蛋白质合成的功能，适当浓度的外源硒浸种可以促进亚麻芽菜中蛋白质的合成，从而提高其含量。外源硒浓度过高会对植物产生一定的毒害作用，从而抑制蛋白质的合成。当浸种液中 Se^{4+} 浓度为 2.5 μmol/L 时，芽菜中可溶性糖含量最高为 34.67 mg/g，较 CK 组增加 45.79%。当浸种液中 Se^{4+} 浓度为 5 μmol/L 时，芽菜中的游离氨基酸总量最高达到 22.64 mg/g，比 CK 高 13.26%。当对亚麻芽菜外源施加 Se^{4+} 浓度在 2.5~10 μmol/L 时，芽菜中总脂肪比例较 CK 组升高，外源 Se^{4+} 浓度为 5 μmol/L 时达到最高值 40.14%，较 CK 组升高 24.12%。当浸种液中 Se^{4+} 浓度为 2.5 μmol/L 时，维生素 C 含量最高达到 1.440 mg/kg，比 CK 组增加 29.96%。当浸种液中 Se^{4+} 浓度为 2.5 μmol/L 时，芽菜中的维生素 E 含量达到最大为 57.31 μg/g，比 CK 组增加 11.86%。当浸种液中 Se^{4+} 浓度为 2.5 μmol/L 时，芽菜中氰化物含量最低为 1.98 mg/kg，但当浸种液 Se^{4+} 浓度在 10 μmol/L 时，芽菜中的氰化物含量最高为 3.21 mg/kg。当浸种液中 Se^{4+} 浓度为 10 μmol/L 时，芽菜中木酚素含量最高，比 CK 高 64.97%。

食品级亚硒酸钠溶液浸种能够显著增加亚麻芽菜中硒的含量。当 Se^{4+} 浓度为 0~200 μmol/L 时，亚麻芽菜中的硒含量随着浸种液中硒浓度的升高而增加，与 CK 相比增加幅度达到 50%~419.26%。世界卫生组织推荐健康成年人每天硒的摄入量为 50~200 μg，可耐受的最高摄入量为 400 μg，没有男女性别的差异。假设每日食用本研究设置的最高外源 Se^{4+} 浓度为 200 μmol/L 培育的亚麻芽菜 200 g（鲜重），能够提供每日补充硒量为 40 μg，远低于硒可耐受的最高摄入量，亚麻芽菜可以作为硒强化植物食品的载体。利用适量的外源硒（2.5~5 μmol/L）浸种，不但能有效促进亚麻芽菜的生长，提高芽菜中蛋白质、可溶性糖、维生素 C、维生素 E、游离氨基酸总量、总脂肪和木酚素含量，芽菜营养品质显著提高，还能显著降低有害氰化物含量。

（二）Zn^{2+} 对亚麻芽菜中主要成分的影响

在外源施加锌浓度为 0.5~2 mmol/L 时，亚麻芽菜中蛋白质含量范围为 14.61~17.55 mg/g。当锌浓度为 2 mmol/L 时，亚麻芽菜中蛋白质含量达到最大值 17.55 mg/g，与对照相比增加了 16.45%。当锌浓度大于 2 mmol/L 时，亚麻芽菜中的蛋白质含量开始下降，最低为 12.39 mg/g。在锌浓度为 1~2.5 mmol/L 时，亚麻芽菜中的可溶性糖含量比对照增加 9.89%~29.76%。当锌浓度为 1 mmol/L 时，亚麻芽菜中的可溶性糖含量积累最高为 28.92 mg/g。当锌浓度为 3 mmol/L 时，可溶性糖含量较对照明显降低。当浸种液中锌浓度为 0.5~1.5 mmol/L 时，亚麻芽菜中的游离氨基酸总量呈现逐渐升高的变化趋势。当浸种液中锌浓度为 1.5 mmol/L 时，亚麻芽菜中积累的游离氨基酸总量最高为 25.45 mg/g，比对照高 27.31%。当浸种液锌浓度高于 2 mmol/L 后，亚麻芽菜中的游离氨基酸总量开始出现下降的趋势。外源锌浓度在 2.5 mmol/L 时，芽菜中的游离氨基酸总量最低为 15.78 mg/g。

当外源锌的浸种浓度处于 1.5~2.5 mmol/L 时，亚麻芽菜中总脂肪百分比较对照略有升高，但并不显著。当外源锌浓度为 1 mmol/L 时，芽菜中的总脂肪百分比达到最大，比对照增加了 21.21%。当外源锌浓度为 3 mmol/L 时，芽菜中的总脂肪百分比开始下降。

外源锌浸种浓度在 1~3 mmol/L 时，亚麻芽菜中的维生素 C 含量均较对照增高，当外源锌浓度在 1.5 mmol/L 时，亚麻芽菜中维生素 C 含量积累最多为 14.26 mg/g，比对照增加 25.3%。

当外源锌浓度在 0.5~1.5 mmol/L 时，亚麻芽菜中的维生素 E 含量呈先升高后降低的趋势，外源锌浓度为 1 mmol/L 时，维生素 E 含量最高为 57.13 μg/g，比对照增加 8.5%。外源锌浓度在 2~3 mmol/L 时，维生素 E 含量趋于平稳，略高于对照。

当浸种液中锌浓度在 1~2 mmol/L 时，亚麻芽菜中的氰化物含量较对照有所下降，降低比例为 9.7%~14.84%，氰化物含量最低为 2.01 mg/kg。而当浸种液的锌浓度在 2.5~3 mmol/L 时，芽菜中的氰化物含量较对照升高，最高为 2.4 mg/kg。

在锌浓度处于 0.5~2.5 mmol/L 时，亚麻芽菜中木酚素含量较对照高 19.4%~30.84%。但当浸种液中锌浓度高于 2.5 mmol/L 时，芽菜中木酚素含量开始下降但仍略高于对照。

食品级硫酸锌溶液浸种能够显著增加亚麻芽菜中锌的含量。锌浓度范围为 0~3 mmol/L，亚麻芽菜中的锌含量随着浸种液中锌浓度的升高而增加，与对照相比增加幅度达到 28.85%~102.49%。

当锌浓度为 2 mmol/L 时，亚麻芽菜中蛋白质的含量达到最大值，与对照相比增加了 16.45%。但当锌浓度在 2.5~3 mmol/L 时，亚麻芽菜中的蛋白质含量开始下降。当锌浓度为 1 mmol/L 时，亚麻芽菜中的可溶性糖含量积累最高。当锌浓度为 3 mmol/L 时，可溶性糖含量较对照明显降低。随着外源锌浓度的增加，亚麻芽菜内可溶性糖含量增加，但当外源锌浓度过高时，这种渗透调节作用会被破坏，可溶性糖含量降低。当外源锌浓度为 1 mmol/L 时，亚麻芽菜中的总脂肪百分比达到最大，比对照增加了 21.21%。

当外源锌浓度在 1.5 mmol/L 时，亚麻芽菜中维生素 C 含量积累最多，比对照增加 25.3%。外源锌浓度为 1 mmol/L 时，亚麻芽菜中的维生素 E 含量最高，比对照增加 8.5%。研究表明，在一定的外源锌浓度范围内，外源锌浓度的增加可以显著提高细胞的分裂活性，从而促进亚麻芽菜的生长及维生素的合成。本研究参考的锌浓度范围为 0~3 mmol/L，亚麻芽菜中的锌含量随着浸种液中锌浓度的升高而增加，与对照相比增加幅度达到 28.85%~102.49%。中国营养学会推荐的每日锌摄入量，4 岁以上儿童为 5.5 mg/d、成年女性 7.5 mg/d、成年男性 12.5 mg/d。亚麻籽中含有的生氰糖苷能够在葡萄糖酶的作用下生成具有毒性的氢氰酸。当浸种液中锌浓度在 0.5~1.0 mmol/L 时，亚麻芽菜中的氰化物含量较对照有所下降，降低比例在 9.7%~14.84%，氰化物含量最低为 2.01 mg/kg。而当浸种液的锌浓度在 2.5~3 mmol/L 时，芽菜中的氰化物含量较对照升高，最高为 2.40 mg/kg。目前，我国还没有出台评价亚麻芽菜安全性的标准，但在《食品安全国家标准　粮食》（GB 2715—2016）中规定木薯粉中氢氰酸的含量需低于 10 mg/kg，而本研究亚麻芽菜中氰化物含量最高为 2.40 mg/kg，显著低于这个标准，这也间接说明亚麻芽菜作为食品是安全的（李世玉 等，2021）。

第八节　饲料

一、亚麻籽或亚麻粕用于鸡饲料

二十二碳六烯酸（DHA）俗称"脑黄金"，食用 α-亚麻酸可以转化成 DHA，也可以从饮食中的摄入，但很少有食物含有足量的 DHA，提高鸡蛋的 DHA 含量是营养改良具有吸引力的目标之一。黄林等（2022）研究了蛋鸡饲料中添加膨化亚麻籽对蛋中 DHA 含量、产蛋率、蛋重、蛋壳厚度、蛋壳强度及哈夫单位等指标的影响。饲喂添加 0、3%、6%、9% 和 12% 膨化亚麻籽日粮 15 d、30 d 和 45 d 后，鸡蛋中的 DHA 含量与对照日粮相比，3%、6%、9% 和 12% 膨化亚麻籽日粮添加组其鸡蛋中 DHA 含量均显著上升（$P<0.05$）。饲喂添加 3%、6%、9% 和 12% 膨化亚麻籽日粮 15 d 后，每 100 g 鸡蛋中的 DHA 含量分别增长为 72.86 mg±18.27 mg、106.26 mg±16.81 mg、141.67 mg±20.69 mg、172.19 mg±23.76 mg。使用添加 12% 膨化亚麻籽日粮饲喂 45 d 后，每 100 g 鸡蛋中 DHA 含量最高达到 251.08 mg±40.58 mg。日粮中添加膨化亚麻籽含量越高，饲喂时间越长，鸡蛋中的 DHA 含量越高。

蛋鸡的产蛋率影响蛋鸡业的经济效益，因此，本研究测定了饲喂添加不同比例亚麻籽的日粮对蛋鸡产蛋率的影响。与未添加膨化亚麻籽的对照组相比，添加 3%、6%、9% 膨化亚麻籽饲喂 15 d、30 d、45 d 对蛋鸡的产蛋率无显著影响；添加 12% 的膨化亚麻籽饲喂降低了蛋鸡的产蛋率，使用含 12% 膨化亚麻籽日粮饲喂 15 d、30 d 和 45 d 后，其产蛋率分别下降为 89.16%±3.81%、87.51%±6.02%、85.04%±8.15%。饲喂含有膨化亚麻籽日粮的蛋鸡生产的鸡蛋中 DHA 含量显著升高。膨化亚麻籽中富含 α-亚麻酸，α-亚麻酸作为 DHA 的合成前体，可以在机体内向其长链衍生物 DHA 转换，提高蛋鸡机体内的 DHA 含量，进而生产出 DHA 含量较高的 DHA 功能蛋。饲喂膨化亚麻籽日粮对蛋重、蛋壳厚度、蛋壳强度以及蛋的哈夫单位无显著影响，饲喂含 3%、6%、9% 膨化亚麻籽的日粮对产蛋率也无显著影响。膨化技术钝化或减少亚麻籽中的抗营养因子，使得膨化亚麻籽饲喂对鸡蛋品质无显著影响。因此，膨化亚麻籽有潜力作为一种日粮添加物质用于 DHA 功能蛋的生产。

在蛋鸡饲粮中添加亚麻籽可以提高鸡蛋中 ω-3 PUFA（多不饱和脂肪酸）沉积量，添加亚麻籽粕也可以增加鸡蛋中 ω-3 PUFA

含量。添加亚麻籽或亚麻籽粕还可以减少蛋鸡脂肪沉积,减轻老年蛋鸡脂肪肝的发展。将亚麻籽及其产品添加到肉鸡饲粮中,可使鸡肉品质上升,降低鸡肉中脂肪、胆固醇的含量,增加鲜肉 pH 值,改善鸡肉脂肪酸组成,增加鸡肉中 ALA、DHA、ω-3 PUFA 含量,减少饱和脂肪酸含量,降低 ω-6/ω-3 PUFA。孙军学等(2019)用亚麻籽饼粕发酵液饲喂肉鸡,结果显示,亚麻籽饼粕发酵液可以提高肉仔鸡的体重、平均日增重和成活率,并指出 6% 可能为最适宜的添加量。所以,在饲粮中添加亚麻籽或亚麻籽饼粕可以显著提高鸡蛋和鸡肉中 ω-3 PUFA、DHA 等 PUFA 的含量,提升蛋和肉的商品价值,但是应该合理控制添加比例,减少对采食量、产蛋量、日增重等指标的影响(郝京京 等,2020)。

二、亚麻籽或亚麻籽粕用于牛饲料

日粮添加冷榨亚麻饼对牛的生长性能、消化代谢、血液生理生化指标、瘤胃中降解特性都有一定影响,对改善牛肉的品质有一定作用,也将提升其营养价值。为了明确冷榨亚麻饼对肉牛的影响,周仁超(2022)开展了秦川肉牛的饲喂试验,结果显示,各组试验牛的采食量和体增重均呈线性上升趋势,冷榨亚麻饼组和粉碎亚麻籽组试验牛采食量、日增重、总增重、体高、体斜长、腹围两组间差异不显著($P>0.05$),但均显著大于对照组试验牛采食量($P<0.05$);各组间试验牛胸围虽无显著性差异($P>0.05$),但冷榨亚麻饼组的试验牛胸围增长量最大,为 16.02 cm,较对照组提高了 8.07 cm;各组试验牛的血液生化指标均在正常范围内;各组间料重比虽无显著差异($P>0.05$),但冷榨亚麻饼组料重比最低,每千克增重饲料成本仅为 15.15 元。粉碎亚麻籽组和冷榨亚麻饼组试验牛肉骨比、净肉率两个指标显著高于对照组($P<0.05$),随着排酸时间的增加,各组之间试验牛的牛肉剪切力均呈现先增加后降低的趋势,不同的是,对照组剪切力在 24 h 后呈下降趋势,而添

加亚麻酸的试验组牛肉剪切力在 72 h 后才开始下降，均显著低于对照组剪切力（$P<0.05$），各组的蒸煮损失均呈先上升后下降的趋势。在整个排酸过程中，肉色 L 值前期上升较为明显，后期有所下降，粉碎亚麻籽组显著高于对照组和冷榨亚麻饼组（$P<0.05$），a 值、b 值整体呈上升趋势，且差异不显著（$P>0.05$），各肉色值在排酸过程中均在正常范围内波动。两个试验组牛肉中亚麻酸、总氨基酸含量显著高于对照组（$P<0.05$）。冷榨亚麻饼组和粉碎亚麻籽组试验牛瘤胃中的丁酸含量显著低于对照组（$P<0.05$），粉碎亚麻籽组的总挥发性脂肪酸显著高于对照组（$P<0.05$）；冷榨亚麻饼组和粉碎亚麻籽组酸性洗涤纤维表观消化率显著大于对照组（$P<0.05$）；在瘤胃降解试验中，冷榨亚麻饼干物质、粗蛋白、中性洗涤纤维、酸性洗涤纤维在瘤胃中的有效降解率分别比粉碎亚麻籽高 6.67%、6.16%、11.37%、0.65%。以上试验结果揭示，冷榨亚麻饼组较对照组和粉碎亚麻籽组的试验牛，日增重分别提高 0.17 kg、0.06 kg，净肉率分别提高了 2.81%、1.26%，料重比分别提高了 9.33%、4.40%，每千克增重饲料成本降低 1.27 元、1.81 元。冷榨亚麻饼组的牛肉中亚麻酸、花生酸、氨基酸总量较对照组提高了 0.33%、0.16%、7.17%，瘤胃中丁酸含量降低 33.99%、挥发性脂肪酸含量提高 18.71%。综上所述，冷榨亚麻饼能够提高秦川肉牛的增重水平、屠宰性能，维持瘤胃内环境的稳态，有助于减少甲烷产生，提高饲料的利用效率，降低生产成本，增加牛肉营养价值和嫩度，改善牛肉风味口感。所以，冷榨亚麻饼是可以用于饲喂肉牛的，并有助于牛肉品质的提升，降低成本。

三、亚麻籽或亚麻籽粕用于猪饲料

近年来，国内外学者围绕亚麻籽及其饼粕所开展了许多动物饲养试验。邓波等（2019）的试验结果显示，饲粮中添加 10% 亚麻籽提高了 50~80 kg 阶段生长育肥猪的平均日增重，显著提高生长育肥猪的眼肌面积，对屠宰率、胴体长、平均背膘厚等胴体性状无显著影响；同时，添加亚麻籽增加了猪肌肉中 ALA 及 PUFA 含量，显著降低生长育肥猪背最长肌中 $\omega-6/\omega-3$ PUFA。石宝明等（2012）在生长育肥猪饲粮中添加 10%亚麻籽，结果显示，亚麻籽组猪净增重、平均日增重、平均日采食量及料重比与对照组均无显著差异。刘则学（2006）试验结果显示，饲粮中添加 10%亚麻籽在第一个月对猪的平均日增重无显著影响，然而在第二个月表现为亚麻籽组猪平均日增重显著高于对照组，该结果表明，在生长育肥猪饲粮中添加一定比例的亚麻籽可改善猪的生长性能，但是，需要一定的适应期；此外，随着饲喂亚麻籽饲粮时间的延长，肌肉内 $\omega-6/\omega-3$ PUFA 有所下降。余婕等（2017）用亚麻籽饼饲喂育肥猪，结果显示，饲粮中添加 3%亚麻籽饼组育肥猪的平均日增重、净增重、料重比与对照组相比无显著差异，但是饲粮中亚麻籽饼添加量为 5%时，极显著降低了育肥猪的平均日增重，显著提高了料重比。Ndou 等（2019）研究发现，猪采食添加亚麻籽粕的饲粮可以诱导其肠道发酵，显著增加盲肠、回肠总挥发性酸含量。另有研究表明，在生长猪饲粮中添加亚麻籽粕能使猪空肠绒毛高度，以及绒毛高度与隐窝深度比值增加（Ndou et al.，2018）。猪饲粮中添加亚麻籽或亚麻籽饼粕的饲喂效果受添加量、试验动物性别、生理阶段、饲粮组成等因素的影响。目前，大部分研究显示，在猪饲粮中适量添加亚麻籽或者亚麻籽饼粕替代一定比例的豆粕可以改善猪肉品质，可在不影响猪生长性能及胴体性状的同时降低饲粮成本（郝京京 等，2020）。

综上所述，亚麻籽或亚麻籽饼（包括冷炸）在掌握适当添加比例的情况下，可以用于畜禽饲料，并有助于改善畜禽的肠道菌群、提高饲料利用率，降低生产成本，同时，可以提高畜禽肉蛋的品质。

主要参考文献

白英,王昕,张琳璐,2020. 亚麻籽胶的提取及特性研究进展 [J]. 食品科技,45(11):217-223.

崔艳艳,崔玉兰,张燕宁,2022. 利用胡麻秸栽培双孢菇试验研究 [J]. 农业工程技术,42(28):98-102.

党玲,杜伟,王淞娆,等,2020. 不同发芽长度对亚麻籽营养品质的影响 [J]. 粮食与油脂,33(11):47-50.

邓波,门小明,吴杰,等,2019. 亚麻籽对生长育肥猪生长性能、胴体性状、肉质和脂肪酸组成的影响 [J]. 动物营养学报,31(9):4024-4032.

丁琛,李白,石大为,2023. 胡麻纤维增强热塑性淀粉复合材料的制备及力学性能研究 [J]. 内蒙古工业大学学报(自然科学版),42(3):257-264.

冯爱娟,叶茂,2016. 超声波辅助提取亚麻籽胶工艺条件优化 [J]. 食品研究与开发,37(10):66-69.

贡丽雅,王燕,石剑,2022. 亚麻木酚素对糖尿病患者血糖及血脂的影响 [J]. 中国医药导报,19(3):63-66.

韩玉泽,王兴瑞,李应霞,等,2021. SPME-GC-MS分析与鉴别青海亚麻籽油挥发性组分 [J]. 食品工业科技,42(20):255-260.

黄林,李雪娇,冯杰,2022. 膨化亚麻籽对鸡蛋DHA含量和蛋品质的影响 [J]. 浙江畜牧兽医(6):1-4.

姜弼天, 王琪, 张炎, 等, 2019. 亚麻纤维在增强复合材料中的应用与研究进展 [J]. 中国农学通报, 35 (23): 35-39.

姜延军, 岳德成, 柳建伟, 等, 2022. 3 种茎叶处理除草剂在胡麻田的最佳施药期研究 [J]. 植物保护, 48 (4): 310-317, 35.

姜忠娟, 袁红梅, 孙阎, 2023. 亚麻籽木酚素的提取及其生物活性研究进展 [J]. 中国农学通报, 39 (32): 33-39.

康庆华, 宋喜霞, 姜卫东, 等, 2024. 纤籽兼用亚麻新品种华亚 9 号的选育 [J]. 中国种业 (8): 144-145, 148.

康庆华, 姚丹丹, 宋喜霞, 等, 2023. 亚麻新品种华亚 6 号及其栽培观赏应用 [J]. 中国种业 (8): 115-116, 119.

赖玉萍, 姜福全, 黄思苑, 等, 2022. 亚麻籽油的营养成分、功能活性及应用研究进展 [J]. 中国油脂, 47 (8): 109-115.

雷雨, 郑洋, 谢等等, 等, 2023. 亚麻籽环肽的制备工艺研究 [J]. 农产品加工 (8): 35-40.

李赫, 张文敏, 应知伟, 等, 2019. 亚麻籽蛋白及其活性肽的研究进展 [J]. 食品工业科技 (6): 330-335, 341.

李会珍, 李娜, 张志军, 等, 2016. 响应面法优化超声波辅助亚麻木酚素提取工艺及抗氧化性研究 [J]. 中国粮油学报, 31 (8): 62-67.

李永强, 2019. 油纤兼用亚麻高产栽培技术要点 [J]. 南方农业, 13 (5): 9-10.

马德坤, 王汝华, 吕筱, 等, 2022. 亚麻籽蛋白特性及营养价值分析 [J]. 食品科学, 43 (6): 257-264.

马建富, 郭娜, 刘栋, 等, 2018. 除草剂对亚麻田阔叶杂草的防除效果简报 [J]. 中国麻业科学, 40 (4): 197-200.

潘春磊, 王延锋, 盛春鸽, 2017. 灰树花栽培基质的亚麻屑优

选研究 [J]. 中国麻业科学, 39 (4): 204-206, 214.

任我行, 刘玉兰, 徐建国, 2017. 不同工艺制取亚麻籽油的品质差异分析 [J]. 粮食与食品工业, 24 (1): 3-7.

盛亚男, 王长远, 2021. 牡荆素预防和治疗疾病作用机制研究进展 [J]. 中国现代应用药学, 38 (17): 2156-2161.

孙海娟, 2022. 亚麻籽(油) 的营养成分及其在畜禽生产中的应用研究进展 [J]. 养殖与饲料 (7): 33-36.

王金贺, 关凤芝, 吴广文, 2015. 利用亚麻屑栽培黑木耳试验研究 [J]. 中国麻业科学, 37 (4): 194-199.

王玉富, 2007. 国内外亚麻原料种植与加工现状、问题与对策 [J]. 中国麻业科学, 29 (S2): 399-403.

王玉富, 郭媛, 汤清明, 等, 2015. 亚麻修复重金属污染土壤的研究与应用 [J]. 作物研究, 29 (4): 443-448.

王玉富, 颜忠峰, 1992. 亚麻田菟丝子的综合防治 [J]. 黑龙江农业科学 (6): 48.

吴兴雨, 黄玉荣, 孙凯杨, 等, 2021. 正交试验优化亚麻蛋白饼干的配方 [J]. 食品研究与开发, 42 (2): 98-102.

吴兴雨, 李新昊, 姚玥, 等, 2020. 亚麻蛋白冰激淋品质影响因素及评价 [J]. 粮油食品科技, 28 (5): 150-155.

薛龙飞, 赵鑫钰, 曹招锋, 2022. 中国胡麻进出口贸易影响因素研究——基于CMS模型的实证分析 [J]. 市场周刊, 35 (9): 77-81, 145.

张丽丽, 徐桂真, 王凯辉, 等, 2022. 河北坝上旱地油用亚麻高效轻简化栽培技术研究与应用 [J]. 中国麻业科学, 44 (3): 160-164.

张鹏, 王延锋, 史磊, 等, 2018. 利用亚麻屑栽培茶树菇研究 [J]. 安徽农业科学, 46 (19): 44-46.

赵宏蕾, 徐敬欣, 孔保华, 等, 2022. 亚麻籽胶添加量对肉粉

肠品质特性的影响 [J]. 肉类研究, 36 (3): 14-19.

赵鑫, 翟杨, 易永健, 等, 2022. 麻育秧膜对早稻秧苗性状及产量的影响 [J]. 中国麻业科学, 44 (4): 240-244.

周仁超, 2022. 日粮中添加冷榨亚麻饼对秦川肉牛生长发育、肉脂品质及瘤胃内环境的影响 [D]. 杨凌: 西北农林科技大学.

周子祥, 陈思, 2023. 亚麻短纤维增强硅橡胶复合材料的力学性能 [J]. 西安工程大学学报, 37 (1): 1-5.

AHMAD-RASYID M F, SALIM M S, AKIL H M et al., 2016. Optimization of processing conditions via response surface methodology (RSM) of nonwoven flax fibre reinforced acrodur biocomposites [J]. Procedia Chemistry, 19: 469-476.

BOUAZIZ F, KOUBAA M, BARBA F, et al., 2016. Antioxidant properties of wa ter-soluble gum from flaxseed hulls [J]. Antioxidants, 5 (3): 26.

BOURMAUD A, SHAH D U, BEAUGRAND J, et al., 2020. Property changes in plant fibres during the processing of bio-based composites [J]. Industrial Crops and Products, 154: 1127-1134.

CABAÑAS-ROMERO L V, CUSOLA O, BURUAGA R C, et al., 2024. Flax biorefning for paper production [J]. Cellulose, 31: 4497-4508.

ELSAYED S H, FARES N H, ELSHARKAWY S H, et al., 2023. Flaxseed lignans alleviates isoproterenol-induced cardiac hypertrophy by regulating myocardial remodeling and oxidative stress [J]. Ultrastructural pathology, 47 (2): 122-129.

GAO S S, CHEN S, HUANG R, et al., 2023. Bibliometric analysis of research history, hotspots, and emerging trends on flax with CiteSpace (2000-2022) [J]. Journal of Natural Fibers, 20 (1): 2194700.

HALDAR S, WONG L H, TAY S L, et al., 2020. Two blends of refined rice bran, flaxseed, and sesame seed oils affect the blood lipid profile of chinese adults with borderline hypercholesterolemia to a similar extent as refined olive oil [J]. The Journal of Nutrition, 150 (12): 3141-3151.

MASON-ENNIS J K, LEMAY-NEDJELSKI L P, WIGGINS A K A, et al., 2016. Exploration of mechanisms of α-linolenic acid in reducing the growth of oestrogen receptor positive breast cancer cells (MCF-7) [J]. Journal of Functional Foods, 24: 513-519.

MOTLAGH H A, AALIPANAH E, MAZIDI M, et al., 2021. Effect of flaxseed consumption on central obesity, serum lipids, and adiponectin level in overweight or obese women: a randomized controlled clinical trial [J]. International Journal of clinical practice, 75 (10): 14592.

MUEED A, SHIBLI S, KORMA S A, et al., 2022. Flaxseed Bioactive Compounds: Chemical Composition, Functional Properties, Food Applications and Health Benefits-Related Gut Microbes [J]. Foods, 11: 3307.

PUNIS S, SANDHU K S, DHULL S B, et al., 2020. Kinetic, rheological and thermal studies of flaxseed (*Linum usitatissiumum* L.) oil and its utilization [J]. J Food Sci Technol, 57 (11): 4014-4021.

SHEN Y, CHEN G, XIAO A, et al., 2017. In vitro effect of flaxseed oil and α-linolenic acid against the toxicity of lipopolysaccharide (LPS) to human umbilical vein endothelial cells [J]. Inflammopharmacology, 26 (2): 645-654.

SLISERIS J, YAN L, KASAL B., 2016. Numerical modelling of flax short fibre reinforced and flax fibre fabric reinforced polymer composites [J]. Engineering, 89: 143-154.

SOLTANIAN N, JANGHORBANI M, 2018. A randomized trial of the effects of flaxseed to manage constipation, weight, glycemia, and lipids in constipated patients with type 2 diabetes [J]. Nutrition & Metabolism, 15 (1): 36.

WEI C Q, ZHOU Q, HAN B, et al., 2018. Changes occurring in the volatile constituents of flaxseed oils (FSOs) prepared with diverse roasting conditions [J]. European Journal of Lipid Science and Technology, 121 (1): 1800068.

WIGGINS A, MASON J K, THOMPSON L U, 2015. Growth and gene expression differ over time in alpha-linolenic acid treated breast cancer cells [J]. Experimental Cell Research, 333 (1): 147-154.

ZHANG X X, WANG H, YIN P P, et al., 2017. Flaxseed oil ameliorates alcoholic liver disease via anti-inflammation and modulating gut microbiota in mice [J]. Lipids in Health and Disease, 16 (1): 1-10.

ZOHARY D, HOPF M, 2000. Domestication of plants in the old world: the origin and spread of cultivated plants in West Asia, Europe and the Nile Valley [M]. Oxford: Oxford University Press.